Simon Monk

30 Arduino Projects for the Evil Genius, Second Edition

0–07–181772–7

北京市版权局著作权合同登记号：01-2013-7342

创客学堂

Arduino项目33例

〔英〕Simon Monk 著

唐 乐 译

科 学 出 版 社

北 京

图字：01-2013-7342号

内 容 简 介

本书在第一版（《基于Arduino的趣味电子制作》）的基础之上，充分吸收了读者们的反馈，并整合了Arduino的最新更新。

本书通过33个Arduino实战项目为读者们提供了打开“物理计算”大门的钥匙，这些项目深入浅出地引导读者逐步学习如何控制Arduino去感知外部环境，如何去控制外部世界。

本书适合作为创客/极客、电子爱好者、互动艺术爱好者，以及有志于了解硬件及嵌入式开发的程序员的Arduino入门书。同时，本书也适合作为高等院校电子信息、自动化、互动设计等专业的参考用书。

图书在版编目（CIP）数据

创客学堂 Arduino项目33例/（英）Simon Monk著;唐乐译.—北京：科学出版社，2014.5（2019.1重印）

书名原文：30 Arduino Projects for the Evil Genius：Second Edition

ISBN 978-7-03-039907-6

Ⅰ.创… Ⅱ.①S…②唐… Ⅲ.软件开发环境-基础知识 Ⅳ.TP311.52

中国版本图书馆CIP数据核字（2014）第039767号

责任编辑：喻永光 杨 凯 / 责任制作：魏 谨

责任印制：张 伟 / 封面设计：李欧亚

北京东方科龙图文有限公司 制作

http://www.okbook.com.cn

科 学 出 版 社 出版

北京东黄城根北街16号

邮政编码：100717

http://www.sciencep.com

北京虎彩文化传播有限公司 印刷

科学出版社发行 各地新华书店经销

*

2014年5月第 一 版 开本：787×960 1/16

2019年1月第二次印刷 印张：17 彩插：1

字数：260 000

定价：48.00元

（如有印装质量问题，我社负责调换）

献给我的先父——Hugh Monk，我从他那里继承了对电子学的爱好。

相信他对我写的这本书会非常感兴趣。

致　谢

感谢我的儿子——Stephen和Matthew Monk，他们在我完成本书的写作时给予了大量的鼓励和关注，并协助我完成了本书内的若干实验。同样，如果没有Linda对我的照顾和支持，我也无法完成本书的写作。

感谢Roger Stewart 以及McGraw-Hill的全体人员，他们具有高度合作意识和效率意识。

推荐序

2008年，我在北京无意中参观了“合成时代”新媒体展，里面有一些用电子技术创造的互动装置。虽然只是很简单的电路和逻辑，但放在实体的巨大装置里面能够产生很穿越的体验。其中有一个展品中挂着很多帷幔，到处是一排排的激光和接收器，观众可以直接触摸激光或者从中间走过，然后看着自己的影子和动作产生的涟漪在各个帷幔中激荡。这个装置只是用单片机将各个引脚的电平变化传到一台计算机上，作为图像渲染算法中的一个变量而已。从此我认识到，原来电子可以变得艺术和服务艺术：科技进步不断降低创作的门槛，提供给艺术家新的可能性，而艺术家对科技的运用会反过来让更多人文的需求得到满足。每一个时代的艺术创作都有不同的载体，从岩画到陶瓷、到家具，再到各种闪烁的LED装饰，艺术慢慢从先锋变为常态，这些载体也渐渐成为我们日常生活中的基本元素。

单片机及嵌入式系统仍然只是高年级工科学生的课程，必须在学习三年基础电学知识和编程之后才能染指。从最底层的架构开始，研习艰深的汇编知识，熟悉各种寄存器和二进制知识，然后才能用类似拆弹练习器的实验箱点亮一盏灯。最刺激的是各种电子竞赛，讲究分工协作和模块化开发，在短短三四天时间里实现命题并撰写论文，依据各项性能指标打分。课程体系本身的设计和大公司研发机构的要求造就了大量合格的工程师人才，他们擅长解决技术问题并在指标上不断超越。

艺术家对科技的感情处在进退两难，一方面憧憬使用单片机的巨大创作空间，另一方面又因为技术门槛过高望而却步。于是，艺术系教授们开始将技术细节藏起来，设计了一套简单易用的单片机主板——Arduino：这块名片大小的电路板能够直接插在电脑上，有两排固定的排母可以直接连接元器件和电路；将C语言改造得尽量自然，把寄存器那样艰深难记的内容统统封装起来。艺术系学生们依然需要努力克服对编程的陌生感，但做出来的作品超出了过去的界限，更不断吸引着大众的关注，曾经冷冰冰的科技变得如此有趣。

当艺术家们不需要签约专业工程师来完成作品的时候，整个交互装置的创作变得简单和自如了，各种灵感能够更好地通过科技手段表达出来。自然而然，其他行业的创作者们也开始用Arduino来提取DNA、控制机器人、监控PM2.5、调戏宠物，甚至写诗。开源硬件让科技从艰深的职业，逐渐成为一套人人都可以使用的工具集。

所以，本书不是为传统工程师准备的单片机教材，而是给想要操纵唾手可得的科技的准创客们，或者“hold不住”满脑子想法的大一学生的入门指南。花20分钟试着点亮颗LED吧！再沿着一个个简明浅显例子熟悉这个最流行的创客工具！

潘　昊

Seeed Studio

前　言

Arduino主板为创客提供了一个创建有趣的互动项目的平台，它们具有价格低廉、使用方便的特点。利用Arduino主板，电子爱好者可以简单且快速地创建用计算机控制的全新电子互动项目。如果将创客狂想成妄图改造世界的“大魔王”，那么相信在不久的将来，这些“大魔王”将会使用计算机控制的伺服激光枪让世界为之颤抖。

本书将会向广大创客展示如何将Arduino主板和计算机相连，然后对其进行编程。随后，我们将会把形形色色的电子元器件连接到所创建的项目上，包括前面提及的由计算机控制的伺服激光枪，通过USB控制的风扇、发光竖琴，通过USB控制的温度记录仪以及声音示波器等。

书中对每个项目都提供了整套的原理图和制作细节，大多数项目都可以在不具备焊接或者特殊工具的条件下制作出来。当然，如果读者的基础较好，希望将书中的项目转换成永久项目，本书也提供了完成这些工作的必要说明。

什么是Arduino

Arduino是带有USB接口的微处理器控制板（单片机板），它能够直接通过USB总线和计算机连接起来，并且它还具有若干接口，能够与外部其他电子设备连接，如电动机、继电器、光传感器、激光二极管、喇叭、麦克风，等等。Arduino可以通过连接到计算机的USB线取电，也可以用9V外部电源适配器（或电池）直接供电。Arduino可以通过计算机进行控制或者编程，也能够将其和计算机断开连接而独立地工作。

本书专注于使用最流行的Arduino主板类型——Arduino Uno和Leonardo。

至此，读者们可能会有疑惑，这么好的东西难道需要我们进入某个绝密的秘密基地才可以得到？好吧，抛弃你的妄想吧。Arduino主板实在是太过于大众化，很多网站都有销售和介绍。因为Arduino平台原本就是开源平台，任何人都可以自由地进行二次设计，然后生产并销售他们的成果，所以，该产品的市场竞争非常激烈，而对于我们来说，这就意味着廉价。通常，“官方”Arduino主板的价格大约为30美元，而兼容版Arduino的价格通常不足20美元（国内Arduino主板售价甚至低至人民币40元）。

Arduino的商标权归Arduino团队所有，而兼容板制造商通常会在其产品后面冠以“duino”，如Freeduino、DFRduino等。

用于对Arduino编程的软件用起来很方便，因为它是跨平台的。你既可以在Windows操作系统下，也可以在Mac OS或者Linux之类的流行操作系统上免费使用。

关于Arduino

Arduino是一个开放平台，它不仅包含一系列的硬件，也包含编程软件。另外，还包括由这个平台衍生出来的各种项目和设计，我们甚至可以把基于Arduino平台进行设计创作的爱好者也看成这个平台的组成部分。

在开始使用Arduino之前，可以先到Arduino的官方网站（*www.Arduino.cc*）根据计算机操作系统下载对应的编程软件。然后点击“Buy An Arduino”按钮购买一块“官方”Arduino主板，或者在淘宝等网络购物平台上通过输入Arduino关键词找到更廉价的兼容版。随后，需要做的事情就是根据第1章的说明，逐步完成Arduino的驱动安装工作。

实际上，Arduino主板具有若干个设计版本，分别针对不同类型的应用要求。当然，可以通过Arduino 开发软件进行编程，而不同的板子所应用的Sketch（Arduino对程序的称谓）其实可以毫无阻碍地交叉应用。

在本书中，我们主要使用Arduino Uno主板和Leonardo主板，还会使用Arduino Lilypad。事实上，我们编写的Sketch可以同时在Uno和Leonardo上运行，并且其中的大部分Sketch可以在更老版本的Arduino主板上运行，如Duemilanove。

在使用Arduino主板进行项目制作的时候，需要一根USB线下载Sketch到Arduino。这根线是必须要准备的。很多微控制器在进行编程的时候都需要某些特定的外部设备才能够进行编程工作。而对于Arduino来说，这个功能已经整合到Arduino的内部，并且可以通过USB连接完成Arduino主板和计算机之间的数据交换工作。例如，可以在Arduino主板上连接一个温度传感器，然后把传感器的信息发送到计算机并显示出来。

你既可以通过计算机的USB接口给Arduino供电，也可以使用一个直流电源单独供电。电源的电压范围为7 ~ 12V。所以，如果打算创建一个移动项目，那么用9V电池作为电源将会保证其良好工作。当然，如果在拔出USB线的时候希望板子还能够继续正常工作，那么可以考虑给Arduino单独配置9V外接电源或者电池组。

Arduino主板的上下两个边沿上有两排引脚。其中顶部的一排为数字引脚，并且每个标有“PWM”的引脚都能够提供PWM输出。而下面的一排引脚分成两组，左边的是电源组，右边的是模拟输入组。

还有各种用途的扩展板，可以直接插在Arduino主板上：

- 连接到互联网
- LCD显示及触摸屏
- WiFi
- 声音
- 电动机控制
- GPS追踪

另外，还可以根据需要自行创作扩展板。在本书的某些章节中我们就是这么操作的。扩展板上面的上下两层引脚通常都是直连的，可以将若干个扩展板堆叠着插在一起使用。所以，我们常常会看到类似这样的应用：底部是Arduino主板，中间是GPS扩展板，而最上面则是LCD显示扩展板。

关于项目

本书中的项目丰富多彩。我们从点亮标准LED以及高亮度LED开始我们的学习之旅。

在第5章中，我们会介绍用于记录温度和测量光照强度以及压力的各种传感器。在这些项目中，我们借助于Arduino和计算机的USB直接连接，将Arduino读取到的传感器信息发送到计算机。在计算机中，我们还会将这些数据输入到电子表格软件中，然后绘制趋势图。

随后，我们将会看到关于使用不同类型显示方法的项目，其中包括七段LED数码管等。

第7章包含4个声音项目以及1个简单示波器。其中包含一个简单的用于演奏调子的项目，然后是一个通过光敏电阻制作的项目，你可以通过在其前面挥手从而改变声音的声调和音量，我们称这个项目为发光电子竖琴。本章的最后一个项目使用来自于麦克风的声音输入——VU测试表，能够在LED显示器上显示测量到的声音强度。

第10章将Arduino Leonardo转换成特别的USB键盘和鼠标输入设备。

最后一章将前面的若干个项目进行整合，就如前面所提到的，我们会使用Lilypad主板制作一个只有狂热的创客才能够看懂的二进制时钟。这个时钟会以普通人根本看不懂的方法来显示时间。另外，我们还会介绍如何制作测谎仪、用电动机控制的漩涡催眠器，以及用计算机控制控制伺服激光枪。

本书中的大多数项目都不需要进行焊接，而是使用面包板。面包板是一块塑料板，上面有密密麻麻的小孔，小孔里面有根据固定规则互相连接在一起的金属簧片。我们可以通过将电子元器件插入小孔的方法来完成电路的搭建。面包板的价格并不贵，适合我们项目使用的面包板的尺寸可以在本书附录中找到。当然，如果打算制作一个更可靠的项目，那么本书也介绍了使用万用板进行电路连接的方法。

所有的项目中将会使用到的零件，其采购资源在附录中都进行了罗列。除了这些零件，还需要准备Arduino主板、计算机、一些导线以及面包板。所有的项目需要的软件都可以在本书官方网站(*www.arduinoevilgenius.com*)下载。

言归正传

创客们通常不会有太好的耐心，所以接下来要做的工作就是如何使得Arduino主板正常工作。第1章介绍如何完成Arduino主板的安装以及如何进行编程，包括软件的下载等。因此，需要在着手展开项目制作之前了解一下这些基础知识。

在第2章中，我们将介绍一些基本原理，有助于读者完成本书后续的项目。因此，如果你是希望知其所以然的读者，可以在完成第1章的阅读之后，随便挑选一个项目开始制作。如果在制作的过程中遇到问题，可以回过头来阅读第2章。

目　录

第 1 章　快速入门

供电准备 …… 1
安装软件 …… 2
配置Arduino环境 …… 7
下载项目软件 …… 10
项目1——闪烁LED …… 10
面包板 …… 16
小　结 …… 18

第 2 章　Arduino概述

Arduino的特点 …… 19
Arduino主板上面有什么 …… 20
Arduino系列 …… 27
C语言 …… 27
小　结 …… 35

第 3 章　LED项目

项目2——莫尔斯电码SOS闪光装置 …… 37
循　环 …… 41
数　组 …… 42
项目3——莫尔斯电码翻译器 …… 43
项目4——高亮度莫尔斯电码翻译器 …… 49
小　结 …… 56

第4章 更多的LED项目

数字输入/输出 ······ 57
项目5——交通信号灯模型 ······ 58
项目6——闪光灯 ······ 62
项目7——SAD灯 ······ 67
项目8——大功率闪光灯 ······ 73
生成随机数 ······ 76
项目9——LED骰子 ······ 77
小 结 ······ 81

第5章 传感器项目

项目10——键盘密码 ······ 83
旋转编码器 ······ 91
项目11——采用旋转编码器的交通信号灯模型 ······ 92
感应光线 ······ 98
项目12——脉搏监测仪 ······ 99
温度测量 ······ 105
项目13——USB温度记录仪 ······ 105
小 结 ······ 116

第6章 发光和显示项目

项目14——多色发光显示 ······ 117
七段LED数码管 ······ 122
项目15——七段LED数码管双骰子 ······ 125
项目16——LED阵列 ······ 129
LCD ······ 133
项目17——USB信息板 ······ 134
小 结 ······ 138

第7章　声音项目

项目18——示波器 …… 139

声音产生器 …… 143

项目19——音调演奏器 …… 147

项目20——光敏竖琴 …… 151

项目21——VU表 …… 156

小　结 …… 160

第8章　功率控制项目

项目22——LCD恒温器 …… 161

项目23——计算机控制风扇 …… 169

H桥电路 …… 172

项目24——催眠器 …… 173

舵　机 …… 178

项目25——伺服激光枪 …… 178

小　结 …… 184

第9章　综合性项目

项目26——测谎仪 …… 185

项目27——磁力门锁 …… 190

项目28——红外遥控器 …… 197

项目29——Lilypad时钟 …… 206

项目30——倒计时定时器 …… 212

小　结 …… 218

第10章　基于Leonardo的USB项目

项目31——键盘恶作剧 …… 219

项目32——自动密码输入器 …… 221

项目33——加速度鼠标 …… 226
小 结 …… 229

第11章 开发自己的项目

电 路 …… 231
元器件 …… 234
工 具 …… 239
项目创意 …… 245

附 录 元器件与供应商

供应商 …… 247
元器件采购资源 …… 248
阻容元件 …… 248
半导体器件 …… 250
杂项及其他 …… 252

第1章 快速入门

本章献给那些迫不及待地想使用Arduino系统的创客们，相信你们已经得到新的Arduino主板，并且迫切地想用它做些事情。

那么，让我们言归正传……

供电准备

当你购买了一块Arduino Uno或Leonardo主板时，通常板上已经预先安装了一个简单的能使板载LED闪烁的程序。图1.1所示为一对Arduino主板。

图1.1 Arduino Uno和Leonardo

标记为L的LED与主板上的数字输入/输出引脚13相连。这虽然限制了数字引脚13再作为输出引脚使用，但是LED仅使用很小的电流，所以该数字引脚仍然可以连接其他元器件。

你所要做的就是为Arduino系统供电，使之运行起来。最简单的方法就是将它插入计算机的USB接口。为此，你需要一条通常用来连接计算机和打印机的A-B型USB线。

如果一切正常，LED会每2秒钟闪烁一次。这样做的目的在于，利用已经存在于板子中的Blink（闪烁）Sketch对板子的工作状态进行验证。如果板子在连接好之后LED并没有闪烁，请检查以下事项：电源跳线（如果有）是否处于正确的位置？尝试接入其他USB接口，因为同一台计算机的不同USB接口中有一些能提供更多的电能；也可以按下Reset（复位）键，使LED立即点亮。如果这样操作之后LED仍然没有闪烁，那么很有可能是因为板子上没有安装Blink Sketch。不过不要失望，作为我们的第一个项目实例，一旦安装好编译环境，就可以进行下载和修改这个Blink Sketch了。

安装软件

现在，我们让Arduino工作起来。把软件安装到系统之后，就可以更改Blink Sketch并且下载至Arduino主板。具体的安装步骤因所使用的操作系统不同而有所不同，但是基本原理都是一致的。

安装USB驱动使得计算机能够通过USB接口与Arduino系统通信，主要用于编程和传递信息。

安装Arduino开发环境，在计算机上运行这个软件程序后，可以在该环境中编写项目文件，并将其下载至Arduino主板。

在Arduino官方网站（*www.arduino.cc*）上可以找到最新版本的软件。而在本书中，我们使用的版本为Arduino 1.0.2。

Windows操作系统中的安装

本节所介绍的安装步骤是针对Windows 7操作系统的，而在Vista和XP系统下的安装步骤也差不多，唯一可能有点额外困难的地方是关于驱动的安装。

根据Arduino官方网站（*www.arduino.cc*）上提供的下载链接信息，选择Windows版本的软件，开始下载后将会看到图1.2所示的下载对话框，ZIP压缩文件中包含了Arduino软件。你可能会下载到比1.0.2更新的版本（Arduino开发者团队在更新他们发布的软件版本时有时候会忘记更新压缩包的命名，这在一定程度上会带来误导）。

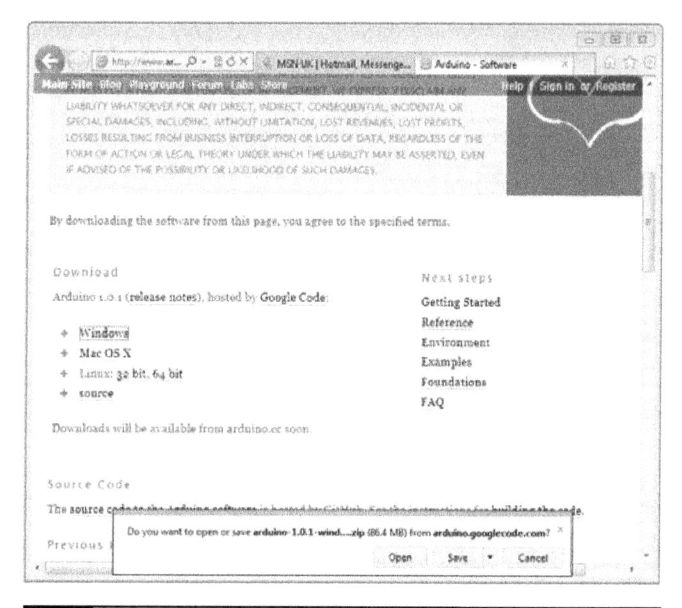

图1.2 下载Windows版本的Arduino软件

Arduino软件并不区分Windows版本，所下载的软件在Windows 7及之前各版本的Windows系统中都能够使用。下面的安装指导以Windows 7操作系统为例。

在弹出的对话框中选择保存选项，然后将压缩文件包解压到桌面。压缩文件中的文件夹将成为主要的Arduino路径。随后，可以根据个人习惯将这个文件夹放到任何位置。

你可以在Windows操作系统中通过右击选定压缩文件来直接完成解压任务，方法是点击鼠标右键，在如图1.3所示的菜单中选择Extract All（解压全部）选项，启动解压向导，如图1.4所示。

这样就完成了直接解压到桌面的工作。

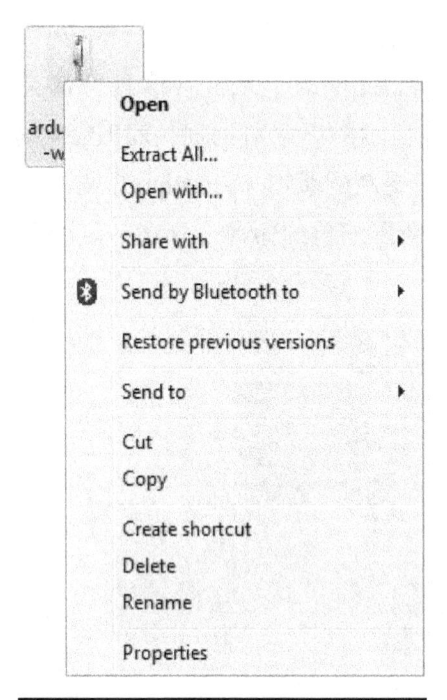

图1.3 Windows操作系统中的Extract All选项

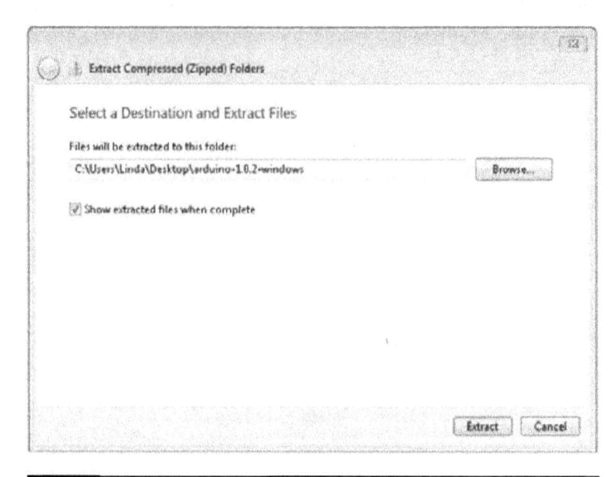

图1.4 在Windows操作系统中解压Arduino文件

解压向导为该版本的Arduino系统（本例的版本为1.0.2）建立一个新的文件夹。你也可以同时使用多种版本的Arduino软件，各种版本之间的区别在于存放的路径不同。事实上，Arduino系统软件的更新并不频繁，考虑到与早期版本之间的兼容性问题，所以，除非新版软件中有需要用到的新功能，或者原有的软件存在问题，否则不必更新至最新版本。

现在我们已经建立了Arduino文件夹，下面需要安装USB驱动程序。将Arduino Uno或者 Leonardo主板插入计算机USB接口，系统会默认尝试自动安装驱动——请直接取消，因为Windows并没有为Arduino主板提供默认驱动。实际上，我们需要打开“设备管理器”进行驱动的手动安装。而“设备管理器”在不同版本的Windows操作系统中打开的方法略有不同。在Windows 7中，首先打开“控制面板”，然后就可以在弹出的窗口中找到“设备管理器”图标了。

在“其他设备”列表中，你应该可以看到一个“未知设备”图标。这个图标上带一个黄色的叹号，它就是你的Arduino（图1.5）。

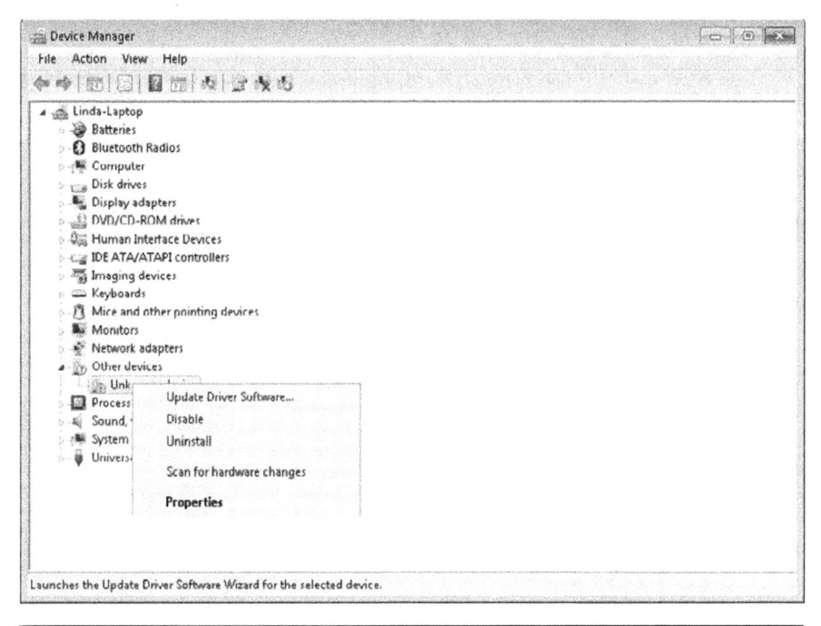

图1.5 Windows“设备管理器”

右击“未知设备”并选择“更新驱动程序软件”，就会弹出一个对话框。对话框中有两种选择：“自动搜索更新的驱动程序软件”和“浏览计算机以查找驱动程序软件”。请选择后者以打开一个对话框，在“选择在以下位置搜索驱动程序软件”下的输入框中，输入刚才解压后Arduino文件夹的位置（图1.6）。如果你忘记了Arduino软件存放的路径，也可以点击“浏览”以找到刚才解压的位置。

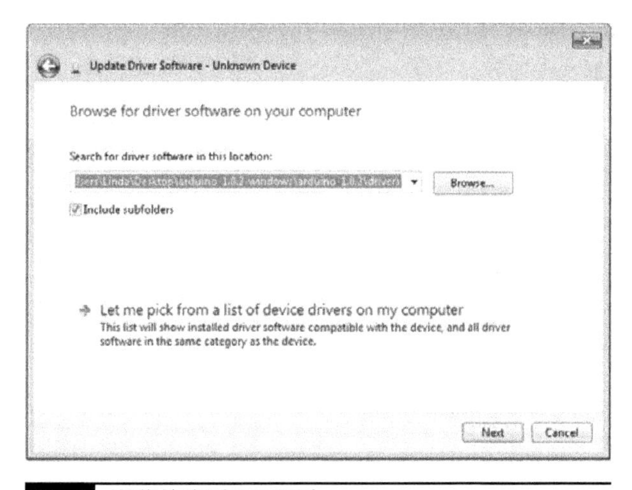

图1.6 浏览并找到USB驱动

点击“下一步”，将会看到一个安全警告，请点击“允许”选项。一旦驱动安装完毕，将会得到一个“安装成功”的对话框，如图1.7所示。尽管确认的信息可能略微有些不同（Leonardo和Uno之间有些不同），但是这个确认对话框是不会少的。

在安装完毕之后，在“设备管理器”的“端口”展开列表中会看到Arduino主板（图1.8）。

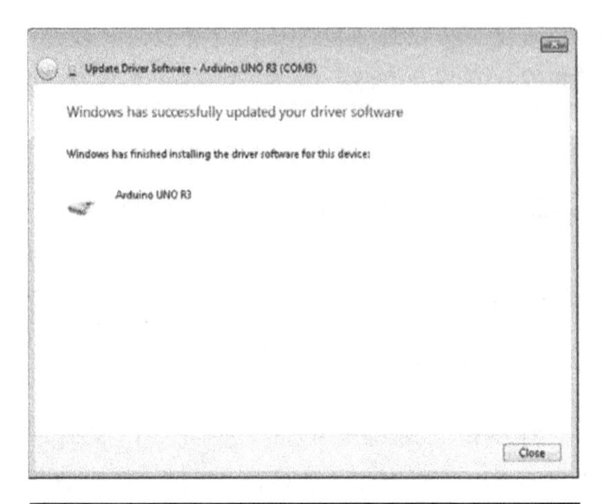

图1.7　USB驱动安装成功

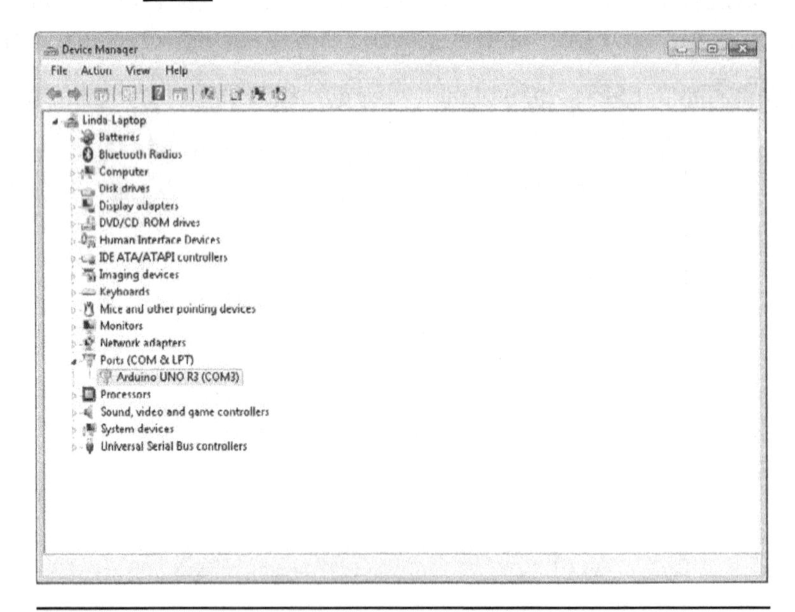

图1.8　“设备管理器”上已经显示了Arduino的存在

驱动的安装工作只需要进行一次。从现在开始，在任何时候将Arduino主板插入计算机，USB驱动将会自动加载，然后Arduino就会立即和计算机联机。

Mac OS X操作系统中的安装

在Mac操作系统中安装Arduino软件的过程比在PC上更容易。

如前所述，第一步是下载文件。这次下载的是Mac版本的软件，同样是一个ZIP文件。一旦下载成功，只需要双击这个文件，它就会自动将所有的文件打包成*Arduino.app*。这就是完整的Arduino应用程序，只需要将它拖到应用文件夹中即可。

安装完成之后，可以在应用程序文件夹中找到并运行Arduino软件。由于我们需要经常使用该软件，所以可以通过右击鼠标选择“在Dock 中保留”。

Linux操作系统中的安装

Linux操作系统有很多发行版。如果想要得到最新的发行版信息，可以参考Arduino网站。不过，对于大多数Linux发行版而言，软件的安装是非常简单的，因为你的系统可能已经拥有了Arduino软件所需要的USB驱动、AVR GCC库和Java环境。

如果没有这些，但是作为Linux用户，你可能已经很擅长为自己的系统从Linux社区中寻找系统配置的支持软件。最关键的是需要安装Java Runtime 5或是更高版本的实时运行环境，还需要最新的AVR GCC库。在Google中键入“在Linux中安装Arduino”搜索词，无论使用的是哪一个Linux系统发行版，都会获得许多有帮助的资料。

配置Arduino环境

无论使用的是哪种类型的计算机，现在都应该已经安装好了Arduino软件。在Arduino环境中，我们需要进行一些设置，为连接到USB接口负责与Arduino主板通信的端口指定操作系统，并指定正在使用的Arduino主板的类型。但是，首先需要通过USB接口将Arduino主板与计算机连接，否则将无法进行端口的选择。

首先启动Arduino软件。在Windows操作系统中，这意味着打开*arduino*文件夹然后双击*arduino.exe*（图1.9）。为了操作简便，也可以将*arduino.exe*发送到桌面快捷方式。

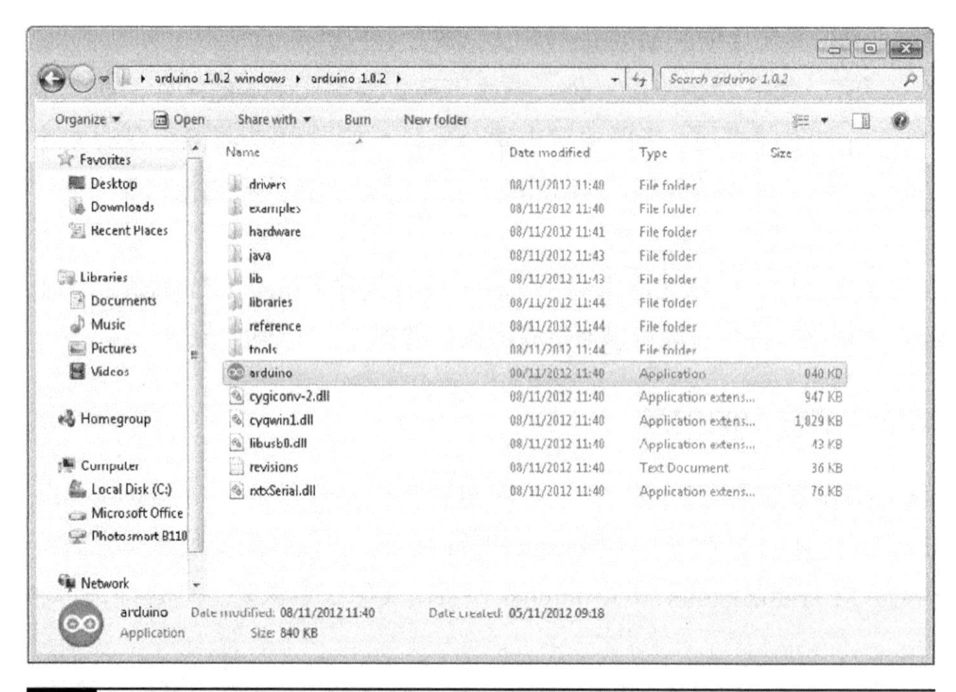

图1.9 在Windows中启动Arduino

Windows中的串行端口选择在Arduino的Tools（工具）菜单中完成，如图1.10所示。而对于Mac操作系统而言，如图1.11所示。Linux操作系统中的端口列表与Mac相似。

如果Mac系统中有多个USB或者蓝牙设备，那么可能会在列表中看到一系列的端口，选择以“dev/tty.usbserial”开头的选项。

在Windows操作系统中，如果先前没有安装其他串行端口设备，那么Arduino主板通常是COM3或者COM4。

在图1.12所示的Tools菜单中可以选择我们将要使用的板子。

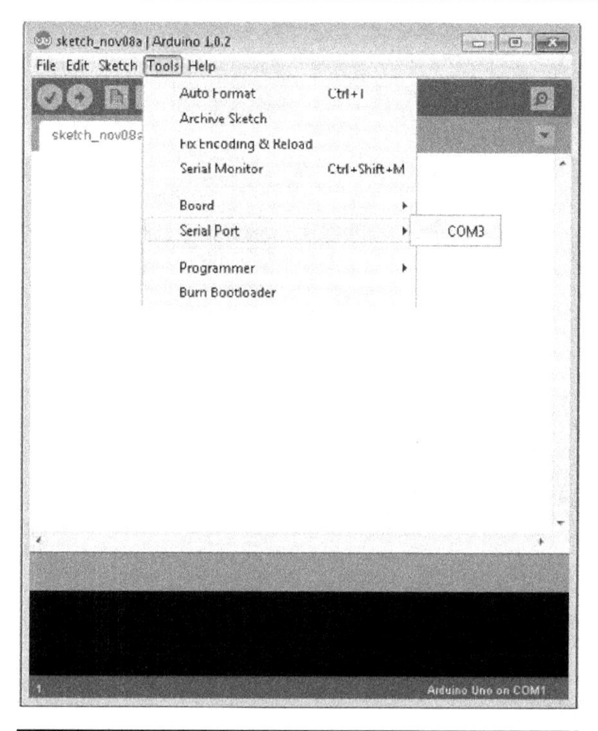

图1.10 在Windows中选择Arduino使用的串行端口

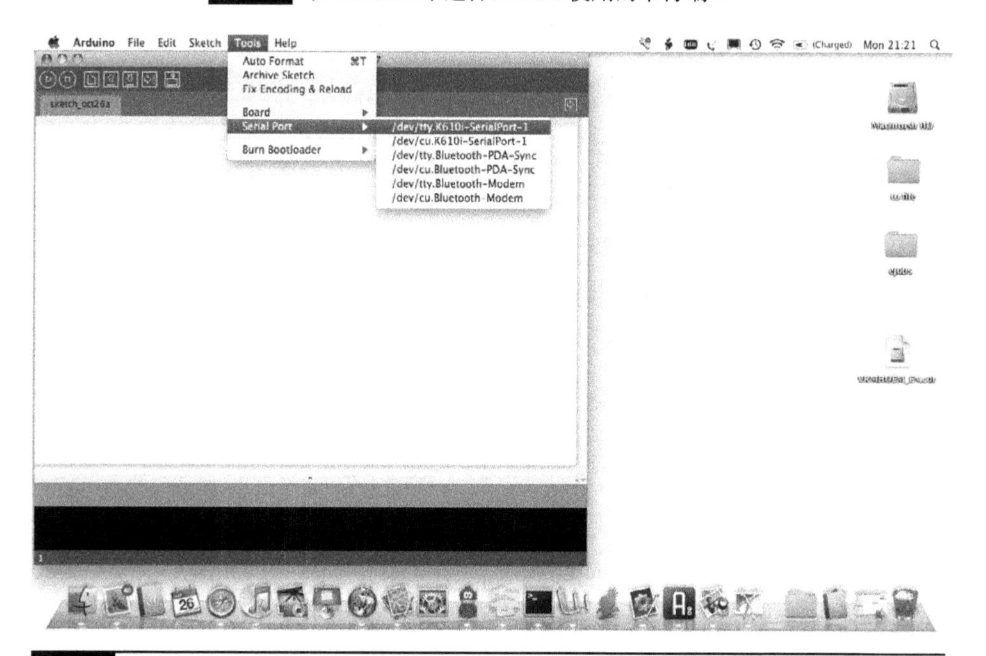

图1.11 在Mac中选择Arduino使用的串行端口

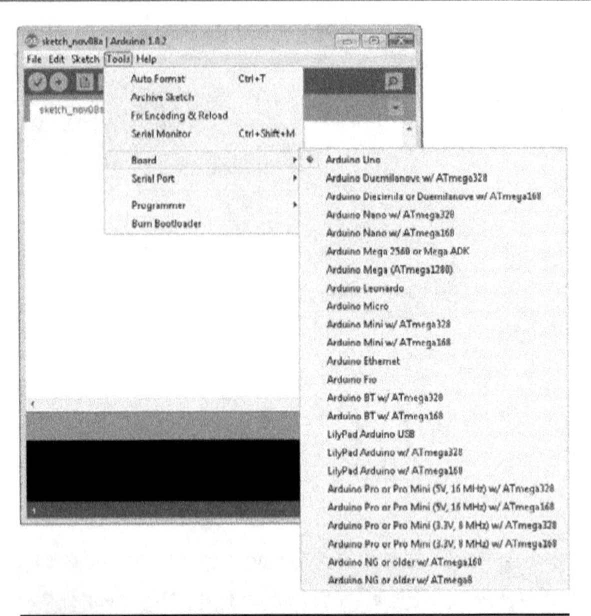

图1.12 选择正确的Arduino主板类型

下载项目软件

本书所用到的Sketch都能够从本书官方网站下载。它们已经打包成单独的ZIP文件，整个文件夹的总大小不超过1M，为什么不下载下来作为你手头的参考呢？请打开*www.arduinoevilgenius.com* 网站，然后找到相应页面，点击下载链接。

不管是哪种操作系统平台，Arduino 软件都会尝试在Documents文件夹中找到这些Sketch，而Arduino在第一次运行的时候会自动在Documents文件夹中新建一个Arduino子文件夹。当然，你下载到的压缩包需要解压到其中。

请注意，每个Sketch都有自己的文件夹，都依据本书中的项目编号进行命名。

项目1——闪烁LED

假设我们已经成功地安装了软件，现在就可以开始第一个令人激动的项目了。首先需要进行一些能够确保正确使用Arduino主板的配置。

我们修改Arduino主板上的Blink Sketch，提高闪烁的频率，而后将修改后的Sketch下载至Arduino主板上。这样一来，板子上的LED将更快地闪烁。然后，使用较大的外置LED和电阻替代板载的小LED来完善我们的项目。

本项目使用的元器件及器材，见表1.1。

表1.1 元器件及器材

位 号	描 述	附 录
	Arduino Uno 或者Leonardo	m1/m2
D1	5mm红色LED	s1
R1	270Ω, 0.25W电阻	r3
	面包板	h1
	导线	h2

注：①实际上，几乎任何通用的LED和270Ω电阻都可用。
②附录栏的数字对应附录中的采购资源。

软 件

首先，我们需要将Blink Sketch加载至Arduino软件。Arduino环境安装完成之后，Blink Sketch就作为一个例程包含于Arduino程序中。所以，可以点击File（文件）找到它，如图1.13所示。

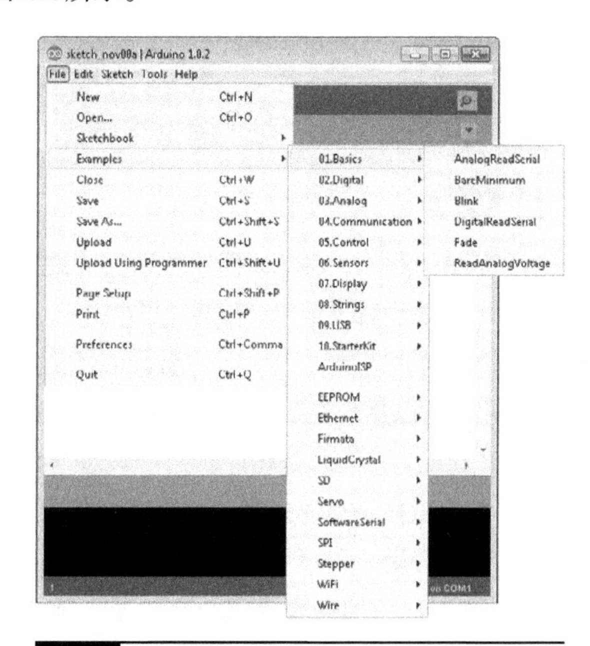

图1.13 加载Blink Sketch例程

Sketch将会在一个新窗口中打开（图1.14）。随你喜欢，可以将先前的那个空白窗口关闭。

Sketch中的大部分内容都是以文本方式出现的注释。这些文本并不是实际的Sketch，但是说明了Sketch正在执行的操作。

单行注释以双斜线“//”开始，直至该行结束；多行注释以单斜线加星号“/*”开始，直至后续的行中出现“*/”。

图1.14　Blink Sketch的代码

如果将Sketch中的所有注释删除，Sketch仍然可以正确地执行，但是我们还是要使用注释，因为这样可以帮助读者了解Sketch都做了些什么。

在我们开始修改Sketch之前，需要说明一下。Arduino系统中使用“Sketch”来代替“程序”（Program），所以从现在起，将用Sketch来讨论Arduino程序。书中偶尔也会谈到“代码”（Code）。代码是程序员对一段程序的描述，甚至作为专业术语来描述程序创建过程中正在编写的内容。所以，一些人可能会说“我写了完成某种功能的程序”，也可能会说“我写了完成某种功能的一些代码”。

为了修改LED的闪烁速率，我们需要在Sketch的两个地方对延迟参数进行调整，因此要将下列代码的圆括号中的参数调整为200：

```
delay( 1000 ) ;
```

改后如下：

```
delay ( 200 ) ;
```

参数的调整使LED亮和灭之间的延迟时间由原来的1000ms（1s）降低至200ms（0.2s）。这里只进行延迟参数的修改，在第3章中我们将进一步深入研究，并将其下载至Arduino主板。

连接Arduino主板与计算机，在Arduino中点击Upload（下载）按钮，如图1.15所示。如果一切顺利，File（文件）、Edit（编辑）、Sketch菜单将会暂时失效，板子上的两个红色LED开始快速闪烁，表明此时正在下载Sketch。这个过程将持续5～10s。

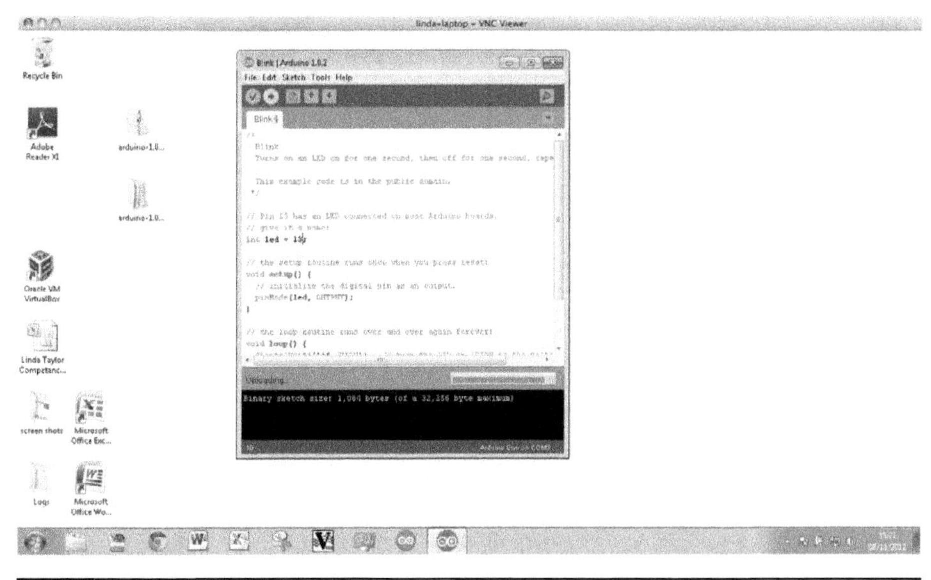

图1.15 下载Sketch至Arduino主板

如果下载过程出现意外，请检查是否按照前面介绍的方法对串行端口和板子类型进行了正确的设置。

当所有Sketch都下载完毕后，板子将自动复位。如果一切正常，就会看到与数字引脚13连接的LED比以前闪烁得更快。

硬 件

此时我们似乎还看不到真正的电子线路，因为所有的硬件都在Arduino主板上。在这一节中，我们将要为Arduino主板增加外置LED。

不能将LED简单地与电源相连，必须添加一个限流电阻。LED和电阻能从任何一家电子供应商那里获得。许多供应商的电子元器件物料编号都已在本书附录中详细列出。

Arduino主板的连接器被设计成连接插入式扩展板的排母，但是出于实验目的，它也允许将导线或者电子元器件引脚直接插入排母。

为Arduino主板连接外置LED的原理图如图1.16所示。

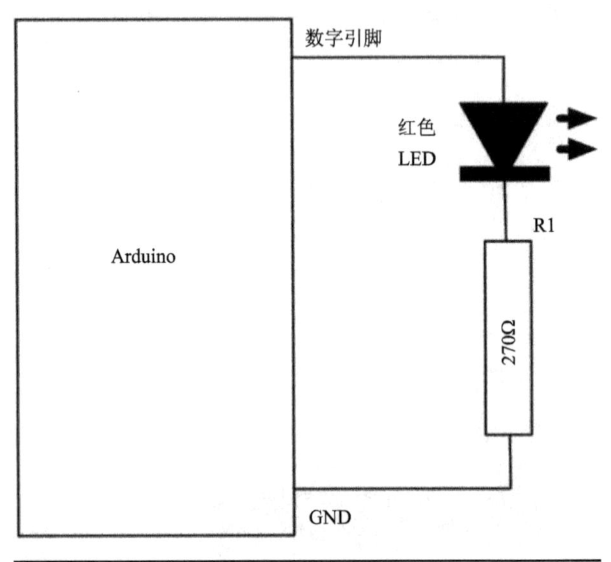

图1.16 将LED连接到Arduino的原理图

在原理图中，LED看起来更像一个箭头，表示发光二极管和所有二极管一样具有单向导电性。LED边上的小箭头符号表明它可以发光。

在原理图中，用一个简单的长方形来表示电阻。通常也可以用曲折线来表示电阻。图中的其他线表示各元器件之间的电气连接。这些电气连接可能是导线，也可能是电路板上的迹线。在这里，我们用导线来连接元器件。

可以直接将元器件连接在Arduino主板的数字引脚12和GND之间，不过首先必须将LED的一个引脚与电阻的一端相连。

电阻的任何一端与LED相连都可以，但是LED的连接方式必须根据电流的方向来确定。LED较长的引脚必须与数字引脚12相连，另一个引脚与电阻相连。LED和一些其他电子元器件都遵循这样的约定：正极性的引脚比负极性的引脚长。

轻轻地将LED的两个引脚分开，将电阻的一端缠绕于短引脚上，使得电阻与LED串联，如图1.17所示。

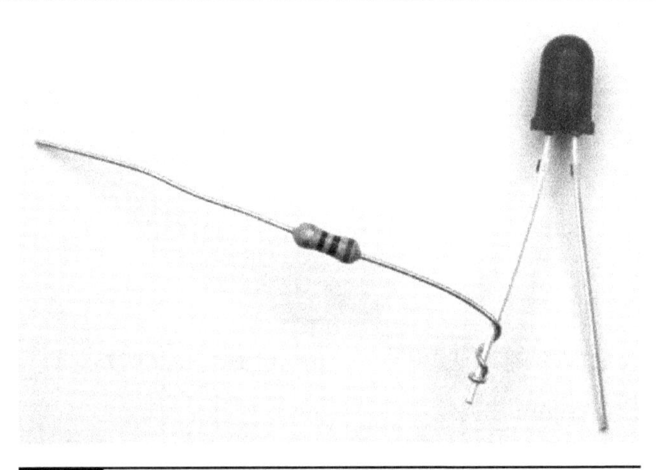

图1.17 LED与电阻串联

将LED的长引脚插入数字引脚12，将电阻的另一端插入两个GND的任意一个之中，如图1.18所示。有些时候，将元器件引脚的末端折出一个很小的弯曲，可以使引脚更牢固地与板上的排母相连。

图1.18 在Arduino主板上连接一个LED

现在，我们可以为刚刚连接好的外置LED修改Sketch了。我们所要做的就是在Sketch中用数字引脚12来替代数字引脚13。要做到这一点，需要修改下面这一行代码：

```
Int ledpin = 13;
// LED connected to digital pin 13
```

更改为

```
Int ledpin = 12;
// LED connected to digital pin 12
```

与更改LED闪烁频率的方法相同，点击Upload to IO Board（下载至I/O板）按钮，将Sketch下载至Arduino主板。

面包板

用将导线拧在一起的方法把更多元器件连接起来并不实际。面包板可以使我们能够不用焊接就搭建起复杂的电路。事实上，先在面包板上搭建电路，验证电路设计是否正确、各部分工作是否正常之后再进行焊接是一个非常好的方法。

面包板是一个上面具有小孔，小孔里面有金属簧片的塑料板，电子元器件从上面的小孔插入。

面包板的小孔下面有许多连接条，每一组小孔都是连接在一起的。连接条与连接条之间留有缝隙，这样双列直插封装的集成电路器件也可以插在面包板上，而且不会因为插在同一行而导致短路。

我们可以不必再将元器件的引脚拧在一起，而是在面包板上搭建这个项目，如图1.19所示。图1.20更加清晰地展示了元器件的位置和连接关系。

你可能注意到面包板的边缘（顶部和底部）各有两条水平的长连接条。这些长连接条与正常的连接条的方向垂直，主要是用来为面包板上的元器件提供电源。正常情况下，一条长连接条提供地（0V或GND），另一条提供正电压（通常为5V）。

除了面包板之外，还需要一些实心线，以及去掉导线端绝缘层的剥线钳或扁嘴钳。最好准备三种以上颜色的导线，这样就可以用红色导线连接正极，用黑色线连接负极，用其他颜色（橘黄色或者黄色）导线进行其他连接，这样可以让我们更容易理解电路的布局。也可以购买一些不同颜色的已经制作好的短实心导

图1.19 面包板上的项目1

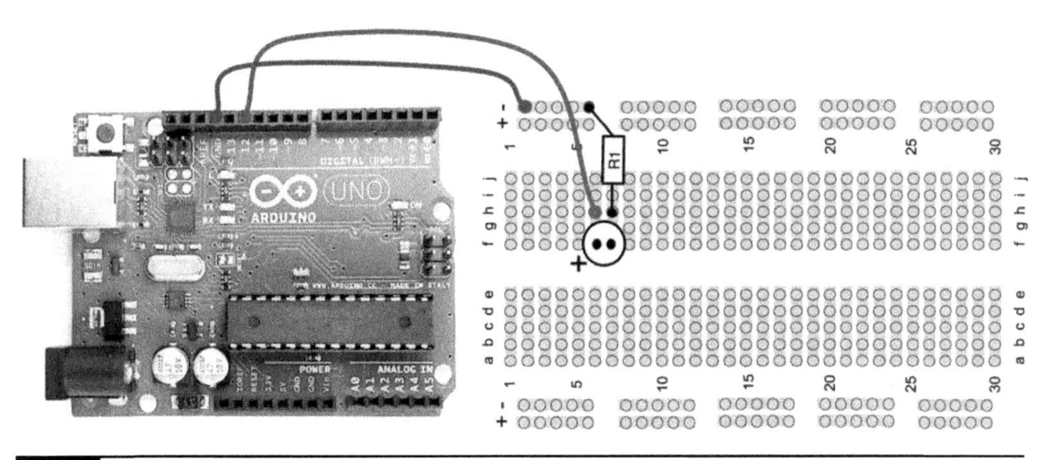

图1.20 项目1的面包板布局图

线。在此不建议使用多芯导线，因为将多芯导线插入面包板的小孔时，它们很容易弯曲成一团。

项目所需的全部资源都列在本书的附录中。

我们可以将LED和电阻的引脚拉直，插入面包板。最好使用尺寸合适的面包板，将Arduino主板也固定在面包板上。你也许并不想将Arduino主板永久地固定在面包板上，所以可使用一小段胶带进行固定。不过，你可能会发现你更愿意将Arduino主板变为自己的设计板，并且将它永久地固定在面包板上。

小　结

我们已经创建了第一个项目，虽然它只是一个很小的项目。在我们开始更有趣的项目之前，第2章将为我们介绍更多有关Arduino的背景知识。

第2章 Arduino概述

在本章里，将介绍Arduino主板的硬件及其核心器件——微控制器。事实上，Arduino主板主要用于支持微控制器，扩展它的引脚至排母，这样你就可以将自己的硬件与之相连。它还提供了用于下载Sketch的USB连接等。

另外，本章还将介绍用于Arduino编程的C语言，后续章节里建立项目时会用到。

尽管本章的理论性较强，但是有助于你理解项目的工作过程。如果你更希望早一点开始自己的项目设计，可以快速浏览本章。

Arduino的特点

Arduino的核心就是微控制器。其他部分的作用是为主板供电，允许主板与计算机通信。

当我们购买了一台用于项目设计的微型计算机时，最需要准确了解的是什么呢?

答案是，我们得到了一个片上微型计算机。它拥有第一代家用计算机具备的一切，甚至更多：处理器、用于保存数据的2KB或2.5KB RAM、1KB EPROM和用于保存程序的几千字节Flash。重要的是，这里用的KB，不是MB，也不是GB。

很多智能手机都有1 GB以上的内存，相当于Arduino RAM的50万倍以上。在当前的高端硬件中，Arduino在这方面确实很弱。然而，这也是Arduino的特点——不用于高分辨率屏幕或复杂网络控制，而是用于更简单的控制任务。

Arduino还有你在智能手机上找不到的输入/输出引脚，用于连接微控制器和外部电路。

输入可以是数字的（是通还是断）和模拟的（在引脚上的电压是多少）。我们可以将许多不同形式的传感器连接到电路中，如光电传感器、温度传感器、声音传感器等。

输出同样也可以是模拟的和数字的。所以，可以将一个引脚设置为通或断（0V或5V），使LED直接亮或灭，或者用输出控制更高功率的设备，如电动机。Arduino主板也提供模拟输出电压，可以为输出引脚设置一些精确的电压值，控制电动机的速度或者灯的亮度，而不是简单地点亮和熄灭。

Arduino主板上面有什么

Arduino主板如图2.1所示，下面对板子上的各个部分进行简单介绍。

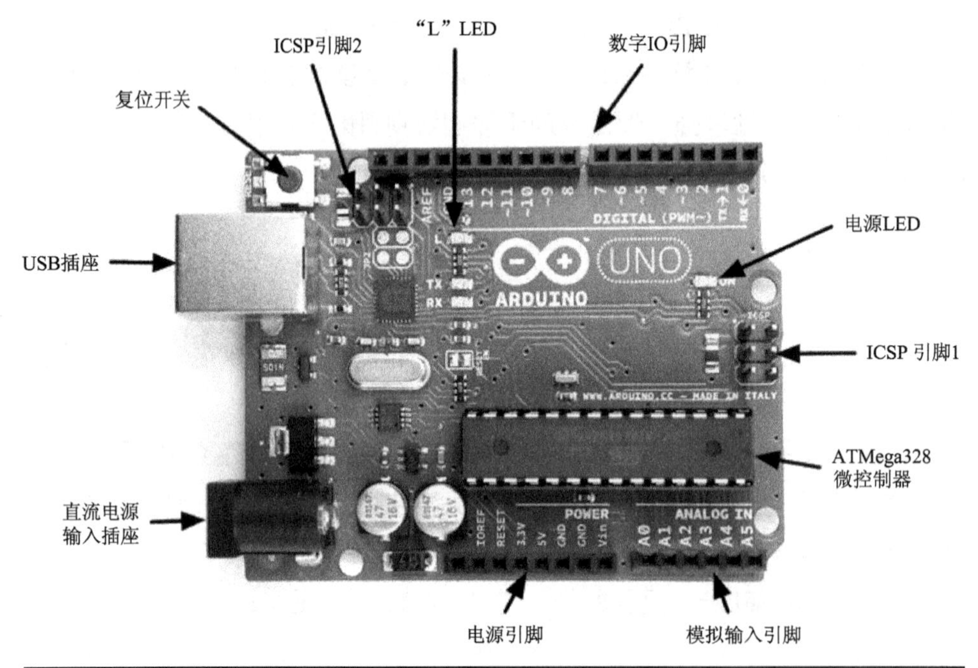

图2.1 Arduino主板的组成

首先介绍的是USB插座上方的复位开关。如果按下这个开关，它就会发送逻辑脉冲到微控制器的复位引脚，导致微控制器重启并清空内存。需要注意的是，重启并不会清空下载到Flash中的程序，也就是说，你存放在Flash中的程序并不会随着重启而被清空。

电源供给

Arduino主板既可以通过USB 连接供电，也可以通过DC（直流）电源插座供电。如果通过直流电源或者电池供电，那么任何7.5 ~ 12V直流电源的输入都是可以接受的。

当Arduino处于上电状态时，我们可以看到主板上标记Power的LED会常亮。

电源引脚

接着看一下图2.1底部的引脚，可以从引脚旁边读到它们的名称。

如果从左边开始，我们首先看到的是一个没有任何标记的引脚，这个引脚是为未来扩展应用而保留的。紧接着是IOREF引脚，这个引脚指示了Arduino的工作电压（无论是Uno还是Leonardo都在5V上工作），任何时候它都是5V。不过，我们通常不会用到这个引脚。这个引脚的作用是让扩展连接的在3V条件下工作的Arduino主板（如Arduino DUE等）检测当前主板工作在什么样的电压水平。

随后是复位引脚，它的功能类似于复位开关。一旦将复位引脚接入高电平（连接至5V），就可以即刻重启微控制器。

这部分的其他引脚如其标记所示，用于提供各种不同类型的电压（3.3V、5V、GND和9V）。“GND”或“接地”表示电压为0V，它是参考电压，主板上所有的电压值都是相对于它而言的。

在此，回忆一下电压和电流之间的区别是很有必要的。没有特别完美的比喻可以描述导线中的电子运动，但是作者发现用水管里流动的水来比喻，可以很好地解释电压、电流和电阻之间的关系，这三者之间的关系称为欧姆定律。

图2.2总结了电压、电流和电阻之间的关系，图的左边是由水管搭建的回路，图的顶部比底部（海拔）要高，所以水很自然地就会从顶部流向底部。以下两个因素决定了在给定时间内有多少水流过水管中的任何一点（水流强度）：

■ 水的高度（或许说是水泵产生的压力），这就好像电路中的电压

■ 水管收缩带来的阻力

水泵的功率越大，水被压到的高度越高，将要流过系统的水流就越大；另外一方面，水管阻力越大，水流就越小。

在图2.2的右边，可以看到水管回路的等效电路图。在这里，电流衡量了电路中每秒钟有多少电子流过。同样，电阻表示对电子流的阻力。

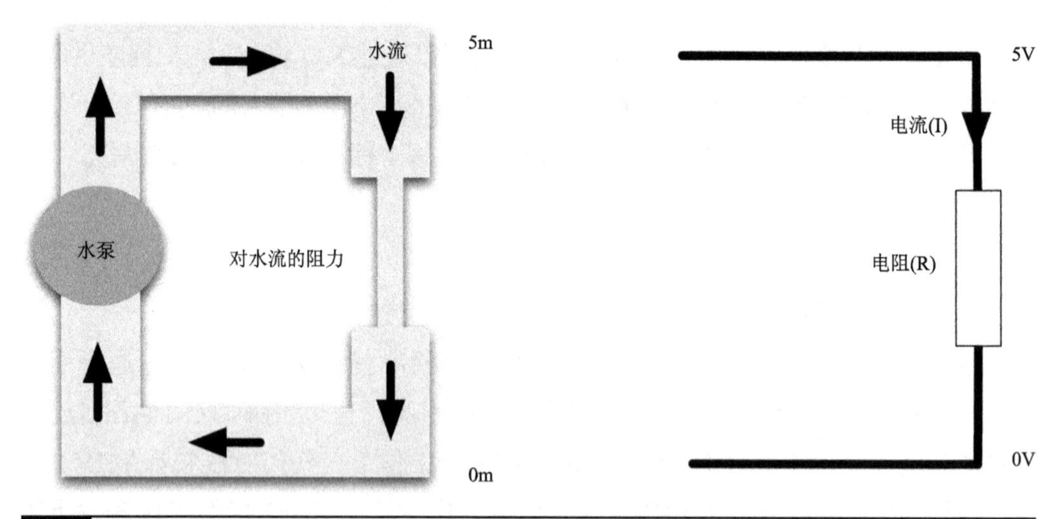

图2.2 欧姆定律

我们用电压的概念替代海拔或压力。图2.2的底部是0V或接地，顶部是5V，因此电流I就是电压差5V除以电阻R。

欧姆定律经常写作V=IR。一般情况下，我们是已知电压V，计算电阻R或电流I，所以可以进行一些调整，得到更便于计算的公式：I=V/R和R=V/I。

当将电子元器件连接到Arduino主板时，用欧姆定律进行一些计算是非常重要的。否则，尽管通常认为Arduino主板能承受较大的过载，但如果要求Arduino电路提供太大的电流时，还是有可能毁坏Arduino主板。

现在继续介绍Arduino主板的电源引脚。Arduino主板可以提供常用的3.3V、5V和9V电压。只要我们足够细心，不发生短路（无电阻），就可以使用这些电压中的任何一种产生电流。短路将产生大电流，会毁坏Arduino主板。换句话说，我们必须确认连接到Arduino主板的任何元器件都拥有足够大的电阻来防止电流过载。每一个电源引脚不仅提供特定的电压，同时还有最大允许电流的限制。尽管Arduino说明书中没有提到，但实际上3.3V电源的限流为50mA（$1mA=10^{-3}A$），5V电源的最大允许电流大约为300mA。

两个GND引脚的作用很明确，它只是为了让Arduino主板具有更多的GND引脚，用于连接更多的外部电路。实际上，主板的顶部还有一个GND引脚。

模拟输入引脚

底部的另一部分引脚标记为“模拟输入0 ~ 5”，这6个引脚用于测量连接到其上的电压值，以供Sketch使用。要注意，这些引脚测量的是电压值，而不是电流值。因为这些引脚的内阻非常大，所以只有极小的电流经由它们流到地。

尽管这些引脚标记为模拟输入，不过也可以将它们作为数字输入/输出引脚。在默认情况下，它们都是模拟输入引脚。

不同于Uno，Leonardo还可以同时使用数字引脚4、5、8、9、10、12作为模拟输入引脚。

数字引脚

将视线转移到图2.1的顶部并从右侧开始观察，会看到标记为“数字0 ~ 13”的引脚。这些引脚既可作为输入引脚，也可作为输出引脚。作为输出引脚使用时，它们的功能与前面介绍的电源引脚类似，不过它只能提供5V电压，可以用Sketch控制通断。我们用Sketch将其设置为通，则其输出为5V；若将其设置为断，则其输出为0V。与对待电源引脚一样，必须要注意，不要超过引脚的最大允许电流。

这些引脚在5V时可以提供40mA电流，足以点亮普通LED，但是并不能满足直接驱动电动机的需要。

举例说明如何将LED连接到其中一个数字引脚。事实上，就是再返回到第1章的项目1。

作为提示，图2.3给出了第1章使用过的用于驱动LED的原理图。如果不使用限流电阻，只是简单地将LED连接在数字引脚12和GND之间，然后接通数字引脚12（5V），将会烧毁LED。

这是因为LED的电阻很小，除非利用一个电阻限制流过它的电流进行保护，否则将会产生一个很大的电流。

一个LED需要大约10mA的电流就能发出很明亮的光。Arduino主板可以提供40mA电流，所以毫无疑问，可以满足要求，我们只需要选择一个合适的电阻。

LED有一个有趣的特性，那就是无论有多大的电流流过，它的两个引脚之间的

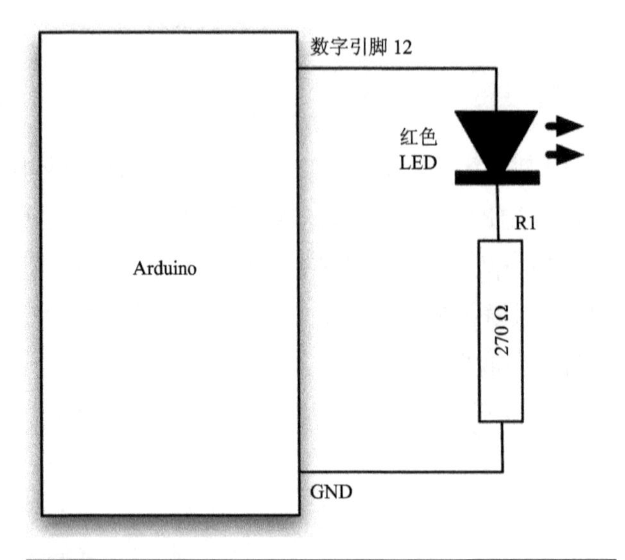

图2.3　LED及串联电阻

电压差总是约为2V。可以利用LED的这个特性和欧姆定律来计算所需电阻的值。

我们知道数字引脚的输出电压为5V（只是当它接通时）。上文提到，LED上有2V的压降，剩下的3V（5−2）就是限流电阻的压降。我们想让10mA电流流过电路，可以计算出电阻值应为

R=V/I

=3V/10mA

=3V/0.01A

=300Ω

电阻的阻值都是用标称值标出的，而最接近300Ω的值是270Ω。这意味着，电路中的电流不是10mA，实际上是

I=V/R

=3V/270Ω

=11.111mA

对这些数值的要求并不严格，LED可以在5～30mA电流下正常工作，所以270Ω电阻可以使电路正常工作。

也可以将这些数字引脚设置为输入。在这种情况下，其工作与模拟输入非常相像，只是它将告诉我们引脚上的电压值是否高于某一阈值（大概为2.5V）。

有些数字引脚（3、5、6、9、10和11）的侧面标记“PWM”，表示这些引脚可以用于提供可变输出电压，而不仅是简单的5V或无输出。

图2.1上部的左侧有一个GND引脚和一个AREF的引脚。AREF引脚可用于按比例调节模拟输入值，这个功能很少用，可以忽略。

数字13引脚同时还连接到标记“L”的LED。

微控制器

将目光再聚焦到Arduino主板，微控制器芯片是一个黑色的有28个引脚的长方形器件。它安装在双列直插（DIL）芯片座中，因此方便替换。Arduino Uno主板中使用的28脚微控制器是ATmega328。而Arduino Uno和Arduino Leonardo（图2.4）的最大区别在于，Leonardo上面采用的是表贴封装的微控制器，焊接在电路板上，无法从主板上拆卸下来。这种做法的问题是，如果微控制器损坏了，那么很难进行简单的替换式维修。

图2.4 Arduino Leonardo 主板

Leonardo 还使用了与一般Arduino主板不同系列的微控制器，而且这个微控制器还内置了USB接口电路，这与Uno等类型不同。

这也使得Leonardo主板的元器件更少，成本也就更低。图2.5展示了ATmega328微控制器芯片的主要特性。

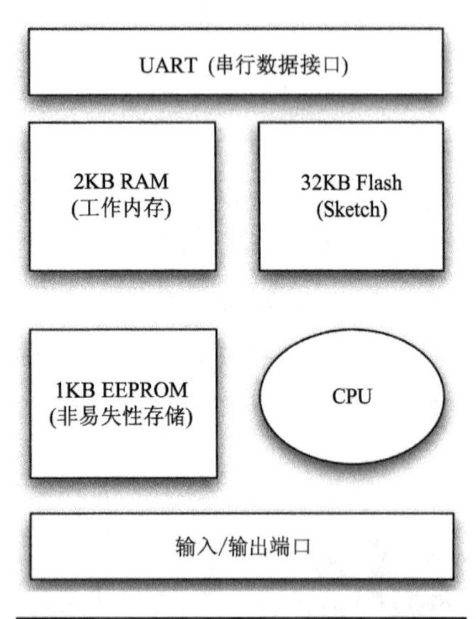

图2.5 ATmega328 框图

微控制器的心脏（或更恰当地说应为大脑）就是CPU（中央处理单元），它控制微控制器内的所有事物。CPU从Flash中读取程序指令然后执行。这可能包括从工作内存（RAM）中读取数据，进行处理之后再将其返回内存。或者，它可能是将0～5V电压变为某一数字输出。

EEPROM有点像一个非易失Flash。也就是说，EEPROM中存储的内容不会因为关闭或者打开设备而丢失。与Flash适用于存储程序指令（从Sketch中获得）不同，EEPROM用于存放不希望在设备重启或电源出现故障时丢失的数据。

Leonardo 的微控制器类似于Uno的微控制器，不同点在于它有2.5KB RAM，而非2KB RAM。

其他元器件

在微控制器上方有一个银色的小长方形元器件——石英晶振。它每秒振动16×10^6次（频率为16MHz），微控制器在每一个机器周期内可以执行一个操作，如加法、减法等。

复位开关右侧是串行编程引脚（ICSP），它可以提供在没有USB接口情况下的另一种Arduino编程方法。因为我们拥有使用方便的USB插座和软件，所以这项功能对我们来说意义不大。

在主板顶部左侧与USB插座相邻的是USB接口芯片，它将输入信号的电平由USB标准电平转换为Arduino主板可直接使用的信号电平。

Arduino系列

了解一些Arduino主板的发展历程是很有用的。我们将使用Uno 或者Leonardo来开发大部分项目，还会使用有趣的Arduino Lilypad主板开发一个有趣的项目。

Lilypad主板（图2.6）是微型Arduino主板，可以将其缝入衣服中实现可穿戴式计算。它没有USB接口，必须使用独立的适配器进行编程。这是一个特殊的设计，灵感来自于它的钟形外表，我们将使用Lilypad主板进行项目29的设计（深奥的二进制钟）。

Arduino主板家族中的另一个型号是Arduino Mega，它拥有处理速度更快的处理器、更大的内存和更多的输入/输出引脚。

当然，Arduino Mega仍旧能够直接使用原本应用在Uno或者Leonardo上面的扩展板，你需要做的是将其插在Mega左边，同时，还可以继续使用右边未使用的引脚。只有很少部分的Arduino项目才有可能应用到Mega。

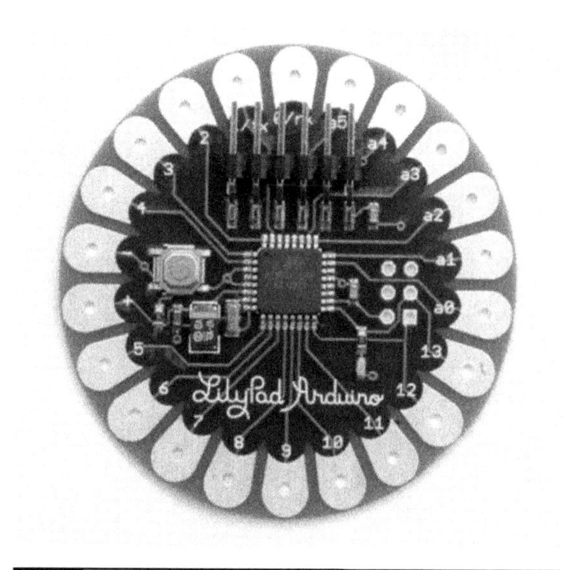

图2.6 Arduino Lilypad 主板

最后要提及的是Arduino DUE。这种类型的Arduino主板和Arduino Mega的尺寸一样，但是它却具有更加强大的处理器内核、96KB的RAM以及512MB的Flash，它的时钟频率为84MHz，而不是Uno较低的16MHz。

C语言

从针对硬件核心的汇编语言到如Flowcode的图形化编程语言，都可以用于微控制器的编程。Arduino系统使用介于上述两者之间的C语言作为编程语言。但是，Arduino使用的C语言降低了其复杂性，从而很容易上手。

从计算机操作的概念上讲，C语言是一种古老而经典的语言。它非常适用于对微控制器编程，因为在C语言发明的时代，当时典型的计算机相对于今天功能强大的计算机而言是非常低能的。

C语言是非常容易学习的编程语言，它能够编译生成高效的机器码，仅仅占用Arduino有限内存中很小的一部分空间。

示 例

现在详细地看一下项目1的Sketch，这里列出点亮和关闭LED的Sketch。我们忽略所有以“//”开头的行，以及“/”和“/”之间的部分，因为这些注释行并不影响程序的执行，仅仅起到提供信息的作用。

```
int ledPin = 13;
  // LED connected to digital Pin 13
void setup ()
{
  pinMode ( ledPin ,  OUTPUT);
}

void loop ()
{
  digitalWrite ( ledPin ,  HIGH);
    // set the LED on
  delay (1000 );
    // wait for a second
  digitalWrite (ledPin ,  LOW);
    // set the LED off
  delay (1000 );
    // wait for a second
}
```

在代码后面进行注释是良好的做法，这样可以有助于对复杂的代码或者需要说明的地方进行注释。

Arduino开发环境使用编译器将Sketch转换成在微控制器中运行的机器码。

现在，研究第一行代码：

```
int ledPin = 13 ;
```

这行代码指定将要连接LED的数字输出引脚。如果仔细观察Arduino主板，会在Arduino主板的顶部发现介于GND和引脚12之间的数字引脚13。Arduino主板上焊接了一个连接数字引脚13的绿色LED。我们将通过使该引脚的电压值在0～5V变化来使LED闪烁。

我们为引脚指定一个名称，以便对其进行更改及使用其他引脚。在后面的Sketch中，会引用参数`ledPin`。你可能更喜欢在第1章中的面包板上使用的引脚12和外部LED，但是现在我们假设正在使用连接到引脚13的板载LED。

你会注意到，我们并没有仅将代码写为

```
led pin = 13
```

这是因为编译器对如何编程有严格的要求。在Sketch中使用的任何名称都不能出现空格，约定使用驼峰式命名：将除第一个单词之外的每一个单词的首字母大写，同时删除单词与单词之间的空格，这样一来就有：

```
ledPin = 13;
```

`ledPin`是一个变量，当你在Sketch中第一次使用这个变量时，必须告诉编译器该变量的类型。它可能是`int`型，如在本例中；可能是`float`（浮点）型，或者是本章后面将要描述的许多其他类型。

`int`型参数是一个整数，这正是我们指定Arduino主板具体的引脚时所需要的。毕竟不存在引脚12.5，所以`float`型不合适。

声明变量类型的语法是：

```
Type variableName = value;
```

所以，首先我们有声明类型（`int`），而后是一个空格，再后面是一个驼峰式名称（`ledPin`）。接下来是等号，等号后面是具体的数值。最后以一个分号作为该行的结束标志。

```
int ledPin = 13;
```

编译器的要求很严格，所以如果你忘记写分号，在编译Sketch时会得到一个错误信息。试着去掉分号并单击Play按钮，你会看到如下信息：

```
error: expected unqualified-id before numeric constant
```

错误信息并不会准确地说明“你忘记了一个分号”，它与发生类似容易误解的错误时的错误信息没什么不同。

编译器对于“空白”并不敏感，对于空格、Tab以及回车字符都会忽略。所以，无论你在“=”的两边漏掉了空格，还是加上空格，编译器都会毫无困难地完成正确的编译工作。我们使用空格和Tab只是为了让Sketch更加具有可读性，而在编写Sketch的时候遵从Sketch的编写规范并使得你的Sketch具有统一格式，会使得别人能够更加容易理解你的Sketch内容。

Sketch的下一段的内容为

```
void setup()
  // run once, when the sketch starts
{
  pinMode(ledPin, OUTPUT);
  // sets the digital pin as output
}
```

这就是所谓的函数，在本例中，函数的名称为setup。每个Sketch必须包括一个setup函数，函数内部被花括号括起来的代码将会依次执行。本例的setup函数中仅仅有以pinMode开头的一行代码。

任何一个新项目的良好开端都是复制本例中的项目文件，而后根据自己的需求进行修改。

在这个阶段，我们不必太过担心函数的问题，只是setup函数在Arduino每次重启时都会执行，包括第一次上电时。每次下载新Sketch后也会执行setup函数。

本例的setup函数中只有一行代码：

```
pinMode( ledPin, OUTPUT) ;  // sets the digital pin as output
```

首先要说明的是，这行代码的后面使用了另一种类型的注释——单行注释。这种注释以双斜线“//”开头，在行的结尾结束。

可以认为这行代码是让Arduino主板将ledPin设为数字输出引脚的命令。如果我们有一个连接ledPin的开关，可以用下面的代码将其设置为输入引脚：

```
pinMode(ledPin, INPUT);
```

但是，在此过程中我们应当赋予变量一个更恰当的名称，如switchPin。

参数INPUT和OUTPUT称为常量。事实上，在C语言中它们是一个数值。INPUT可能定义为0，OUTPUT可能定义为1。其实，你永远都不需要知道所使用的具体数字是什么，只要使用INPUT和OUTPUT即可。在本章的后面还会用到更多常量，如当设置数字输出引脚为+5V 或0V时，分别用HIGH和LOW来表示。

下一段代码是每个Arduino Sketch都应当包括的loop函数：

```
void loop()
{
  digitalWrite(ledPin , HIGH) ;
  // sets the LED on
  delay (1000) ;
  // waits for a second
  digitalWrite (ledPin , LOW) ;
  // sets the LED off
  delay (1000) ;
  // waits for a second
}
```

loop函数将会连续运行，直至Arduino断电。换句话说，只要它执行完所包含的所有命令，就会重新开始执行。Arduino主板有着每秒钟执行16M命令的能力，所以如果允许它们运行，那么循环体内要做的事情将会很频繁地发生。

在本例子中，我们希望Arduino连续做的事情是：点亮LED，保持1s，熄灭LED，再保持1s。做完这些之后再重新开始，点亮LED……按照这种方式不断地循环下去。

至此，我们对digitalWrite（数字写入）和delay（延时）命令的语法已经比较熟悉了。尽管我们把它们看作发送给Arduino主板的命令，但事实上它们是如setup和loop函数一样的函数，只不过它们拥有自己的参数。例如，在digitalWrite函数中涉及两个参数：要指定的Arduino主板引脚和需要写入的具体值。

在本例中，我们通过参数ledPin和HIGH使LED点亮，而后通过参数ledPin和LOW使LED熄灭。

变量和数据类型

此前我们已经遇到变量ledPin并将其声明为int型。在Arduino Sketch中使用的大多数变量可能都是int型。int型变量可以赋值为-32 768~+32 767中的任一个整数。一个int型变量只占用Arduino主板上存储区1024个可用字节中的2个字节。如果这个范围不够大，可以使用long型整数，每个数值分配4个字节，能够表示-2 147 483 648~+2 147 483 647中的任一个整数。

大多数情况下，int型值是精度和所占用内存的一个很好的折中。

如果刚刚开始编写Arduino程序，请使用int型做几乎所有的事情。而后，随着经验的增加，再逐渐扩展所使用的数据类型。

其他可以使用的数据类型归纳于表2.1。

表2.1　C语言中的数据类型

类　型	内存（字节）	范　围	注　释
boolean	1	"真"或"假"（0或1）	
char	1	-128~+128	ASCII字符码（例如，A表示为65），其负数不常使用
byte	1	0~255	
int	2	-32 768~+32 767	
unsigned int	2	0~65 536	可用于不需要负数的场合扩展精度。要小心使用，因为与int型计算可导致不可预料的结果
long	4	-2 147 483 648~+2 147 483 647	只在表示非常长的数字时需要
unsigned long	4	0~4 294 967 295	见unsigned int
float	4	-3.402 823 5E+38~+3.402 823 5E+38	
double	4	同float	正常情况下，该类型应该是8个字节，比float型精度更高，范围更大。不过，在Arduino上它与float一样

需要考虑的一件事情是，如果数据类型超出范围，将会发生意外。所以，如果有一个byte型变量的值是255，给它加1将得到0。更值得注意的是，如果有一个int型变量的值是32 767，给它加1，结果将得到-32 768。

在你可以自如地使用这些不同的数据类型之前，推荐就使用int型，它几乎可以完成任何事情。

计　算

在Arduino软件模块中很少需要进行计算，偶尔需要做一点比例变换，如将模拟输入转换为温度，更为典型的情况是将计数变量加1。

当执行计算时，必须能够将计算结果赋予一个变量。

下面的代码中包括两条赋值语句，第一条语句是将50赋予变量y，第二条语句将y+100的值赋给变量x。

```
y = 50;
x =y + 100;
```

字符串

当程序员谈及字符串时，指的是如同经典信息“Hello World” 这样的字符串。在Arduino的世界里，你可能会遇到这样一些情况，向LCD写字符串用于显示，或者通过USB插座回传连续的文本数据。

用下面的语句创建字符串：

```
char* message = " Hello World " ;
```

char*表明变量信息是一个指向字符的指针。目前还不需要过多地了解字符串，我们将在本书的后面介绍Arduino主板与外部LCD显示接口时再讨论它。

条件语句

Sketch中的条件语句表示做出一种决定。例如，当温度变量下降至某一阈值之下时，Sketch要将LED点亮。

完成这个功能的代码如下：

```
if( temperature < 15)
{
```

```
  digitalWrite (ledPort, HIGH);
}
```

花括号中的代码仅在关键词if之后的条件判断为“真”时才会执行。

圆括号中的条件被程序员称为逻辑表达式。逻辑表达式就像数学算式一样，必须能返回“真”和“假”两个可能值之中的一个。

下面的逻辑表达式在温度变量的值小于15时判断为“真”：

```
(temperature < 15)
```

除了<之外，还可以使用>、<= 和 >=。要判断两个数值是否相等，可以使用==；判断两个数值是否不等，可以使用!=。

下面的表达式在温度变量的值为除15之外的其他值时判断为“真”：

```
(temperature != 15)
```

还可以使用逻辑运算符进行更为复杂的条件判断，基本逻辑运算符是&&（与）和||（或）。

例如，在温度低于15或者超过20时点亮LED的代码如下：

```
if ((temperature < 15) || (temperature > 20))
{
  digitalWrite ( ledPort, HIGH );
}
```

在使用if语句时，经常需要在条件为“真”时做一件事情，而在条件为“假”时做另一件事情。如下面的代码所示，可以用关键词else完成。注意：使用嵌套的圆括号可使代码之间的关系更为清晰。

```
if ((temperature < 15) || (temperature > 20))
{
  digitalWrite (ledPort, HIGH);
}
else
{
```

```
  digitalWrite( ledPort,LOW);
}
```

小 结

在本章中，我们研究了Arduino提供的硬件，回顾了一些基本电子技术知识。

另外，对C语言进行了探索。如果你发现继续下去有些困难，请不要担心。如果你对电子技术还不太熟悉，那么还有许多知识需要你去学习，而作者的目标是向读者展示各部分是如何工作的，你完全可以以项目1作为简单的开始，等你准备好了之后再研究理论。

在第3章中，我们将接触到Arduino主板的编程，并着手开始一些更为复杂的项目。

第3章 LED项目

在本章，我们开始创建一些基于LED的项目。我们将保持硬件尽可能简单，以便读者可以更专注于Arduino编程。

微控制器编程可能是一件棘手的事情，它需要掌握有关保险丝、电阻等内部元器件工作的细节知识。在某种程度上，这是由于现代微控制器几乎有无穷的可配置性。Arduino对其硬件配置的标准化处理使得对器件的编程更加容易，当然这会使灵活性略有损失。

项目2——莫尔斯电码SOS闪光装置

在19世纪和20世纪，莫尔斯电码曾经是一种至关重要的通信方式。它将字母编码为一系列长短点，可以通过电报线、无线电链路以及信号灯发送。现在，“SOS”（Save Our Souls，拯救我们的灵魂）仍然作为危难情况下请求救援的国际信号。

在本章中，我们将制作依次闪烁“SOS”的LED。

本项目使用的元器件及器材与项目1相同，见表3.1。

表3.1　元器件及器材

位　号	描　述	附　录
	Arduino Uno 或者Leonardo主板	m1/m2
D1	5mm 红色LED	s1
R1	207Ω，0.25W 电阻	r3

注：①几乎任何通用的LED和270Ω电阻都可以。
②除了一把钳子或剥线钳外，几乎不需要其他工具。

硬　件

该项目的硬件与项目1的硬件完全一样。因此，读者可以将电阻和LED直接插到Arduino引脚里或者使用面包板（参见第1章）。

软 件

我们不是从头开始做这个项目，而是将项目1作为起点。因此，如果你还没有完成项目1，请先完成项目1。

假如你还没有做完项目1，可以先从*www.arduinoevilgenius.com*网站下载项目代码，然后从Arduino Sketchbook下载已完成的Sketch，并将它下载到板子上（参见第1章）。不过，如果按照下文建议修改Sketch，将会帮助你更好地理解Arduino。

修改项目1中的`loop`函数，如下所示。注意，在这种场合下，我们强烈建议读者使用拷贝-粘贴的方式。

```
void loop()
{
  digitalWrite(ledPin, HIGH);
  // S (...) first dot
  delay(200);
  digitalWrite(ledPin, LOW);
  delay(200);
  digitalWrite(ledPin, HIGH);
  // second dot
  delay(200);
  digitalWrite(ledPin, LOW);
  delay(200);
  digitalWrite(ledPin, HIGH);
  // third dot
  delay(200);
  digitalWrite(ledPin, LOW);
  delay(500);
  digitalWrite(ledPin, HIGH);
  // O (—-) first dash
  delay(500);
  digitalWrite(ledPin, LOW);
  delay(500);
  digitalWrite(ledPin, HIGH);
```

```
  // second dash
  delay(500);
  digitalWrite(ledPin, LOW);
  delay(500);
  digitalWrite(ledPin, HIGH);
  // third dash
  delay(500);
  digitalWrite(ledPin, LOW);
  delay(500);
  digitalWrite(ledPin, HIGH);
  // S (...) first dot
  delay(200);
  digitalWrite(ledPin, LOW);
  delay(200);
  digitalWrite(ledPin, HIGH);
  // second dot
  delay(200);
  digitalWrite(ledPin, LOW);
  delay(200);
  digitalWrite(ledPin, HIGH);
  // third dot
  delay(200);
  digitalWrite(ledPin, LOW);
  delay(1000);
  //wait 1 second before we start again
}
```

尝试运行这个Sketch。该Sketch运行起来毫无困难，当然，我们并不会止步于此。我们打算将这个Sketch进行升级，同时让它变得更短。

可以通过创建自己的函数，用1行代码替代4行表示闪烁的代码，以缩短代码的总长度。

在`loop`函数的结束花括号之后，添加以下代码：

```
void flash(int duration)
{
  digitalWrite(ledPin, HIGH);
```

```
  delay(duration);
  digitalWrite(ledPin, LOW);
  delay(duration);
}
```

现在修改loop函数，使其如下所示：

```
void loop()
{
  flash(200); flash(200); flash(200);
  // S
  delay(300);
  // otherwise the flashes run together
  flash(500); flash(500); flash(500);
  // O
  flash(200); flash(200); flash(200);
  // S
  delay(1000);
  //wait 1 second before we start
    again
}
```

项目2 最终的完整代码清单如下。

LISTING PROJECT 2

```
int ledPin = 13;

void setup()                    // run once, when the sketch starts
{
  pinMode(ledPin, OUTPUT);      //  sets the digital pin as output

}
void loop()
{
  flash(200); flash(200); flash(200); // S
  delay(300);                         // otherwise the flashes run together
  flash(500); flash(500); flash(500); // O
```

```
  flash(200); flash(200); flash(200); // S
  delay(1000);                    // wait 1 second before we start again
}
void flash(int duration)
{
   digitalWrite(ledPin, HIGH);
   delay(duration);
   digitalWrite(ledPin, LOW);
   delay(duration);
}
```

这使得Sketch小了许多，也更容易阅读。

项目集成

至此，我们完成了项目2。在开始项目3之前，将介绍一些关于Arduino编程的背景知识。在项目3中，我们将使用相同的硬件制作一台莫尔斯电码翻译器。我们可以利用它在计算机上输入语句，然后以莫尔斯电码的形式进行闪烁显示。在项目4中，我们将用大功率Luxeon（美国丽讯科技）LED取代红色LED，从而提高闪烁的亮度。

为了更好地理解项目3和项目4，首先需要了解更多的理论知识。

循 环

循环允许我们将一组命令重复一定的次数，或者直到满足某些条件为止。在项目2中，我们只希望闪烁3个点来表示“S”，所以，重复3次闪烁命令没有太大的难处。然而，如果我们需要该LED闪烁100或者1000次，就很不方便。在这种情况下，我们可以使用C语言中的for命令。

```
for (int i = 0 ; i < 100;i ++)
{
  flash (200);
}
```

for循环有点像有3个参数的函数，这些参数是用分号分隔的，而不是用常用的逗号，这是C语言中的独特用法。当用户犯错的时候，编译器会发出提示。

for后面圆括号中的第一部分是变量声明，它指定一个变量作为计数器变量，并给它一个初始值——这里是0。

圆括号中的第二部分是条件判断式，它必须为“真”才能继续循环。在本例中，我们要继续保持在循环状态下，则i的值必须小于100；而一旦i等于或者大于100，则将停止执行循环内部的命令。

最后一部分是我们每次完成循环内的所有工作之后要做的事情，在本例中是将i加1。所以，在100次循环之后，i就不再小于100了，这将导致退出循环。

在C语言中，实现循环的另外一种方法是使用while命令。我们可以使用while命令完成前面的例子，如下所示：

```
int i = 0;
while ( i < 100 )
{
  flash(200);
  i ++;
}
```

要保持在循环状态下，while后面圆括号中的表达式必须为“真”。当它不再为“真”时，Sketch将继续运行花括号后面的命令。

花括号用于将一组命令括起来，在编程用语中，将它们称为块。

数　组

数组是一种包含一组数值的形式。到目前为止，我们遇到的变量都只有一个单一值，如整型值int。相比之下，一个数组包含一系列的值，你可以根据它们在列表中的位置，访问这些值中的任何一个。

与大多数编程语言一样，C语言以0开始标示其索引位置，而不是1，这意味着第一个元素实际上是元素0。

为了说明数组的使用方法，我们可以利用一个包含闪烁持续时间的数组更改莫尔斯电码例程，然后利用一个for循环遍历数组中的每一个元素。

首先，创建一个数组，它包含了持续时间的整型值：

```
int durations [ ] = { 200, 200, 200, 500, 500, 500, 200, 200, 200}
```

在变量名称后面添加一组方括号，表示该变量包含一个数组。如果要在定义数组的同时设定内容，就像上面的语句一样，不需要指明数组的大小。如果不设定它的初始内容，那么就需要在方括号中指定数组的大小，例如：

```
int durations [ 10 ] ;
```

现在，我们可以修改loop方法来使用数组：

```
void loop ()
  // run over and over again
{
  for (int i = 0 ; i < 9 ; i++)
  {
    flash ( durations [i] );
  }
  delay (1000) ;
  // wait 1 second before we start again
}
```

这种方法最明显的好处是，通过简单地改变durations数组，就能够方便地改变信息。在项目3中，我们将进一步使用数组制作一个更通用的莫尔斯电码翻译器。

项目3——莫尔斯电码翻译器

在该项目中，我们将使用与项目1和项目2相同的硬件，但是编写一个新的Sketch，允许我们在计算机上键入一个语句，然后用Arduino主板将其转换为恰当的莫尔斯电码中的点和线。

图3.1所示为工作中的莫尔斯电码翻译器，LED正在以点和线闪烁表示消息框中的内容。

为了实现它，我们将利用已经学过的数组与字符串，另外还利用USB线将消息从计算机发送到Arduino主板。

图3.1　莫尔斯电码翻译器

表3.2　元器件及器材

位　号	描　述	附　录
	Arduino Uno或者Leonardo	m1/m2
D1	5mm 红色LED	s1
R1	270Ω，0.25W 电阻	r3

本项目用到的元器件及器材与项目1、项目2相同，见表3.2。事实上，硬件完全一样，只需要修改项目1 中的Sketch。

硬　件

该项目的硬件构造请参照项目1。

可以将电阻和LED直接插入Arduino引脚，或者使用面包板（参见第1章）。甚至可以只将Sketch中的`ledPin`变量改为`pin13`，以便使用板载LED而不需要任何外部元器件。

软　件

莫尔斯电码表见表3.3。

表3.3　莫尔斯电码表

A	.-	N	-.	0	-----
B	-···	O	---	1	.----
C	-.-.	P	.--.	2	..---
D	-..	Q	--.-	3	···--
E	.	R	.-.	4	···.-
F	..-.	S	···	5	···..
G	--.	T	-	6	-···.
H	···.	U	..-	7	--...
I	..	V	...-	8	---..
J	.---	W	.--	9	----.
K	-.-	X	-..-		
L	.-..	Y	-.--		
M	--	Z	--..		

莫尔斯电码中的部分规则：线是点

的3倍长，线或者点之间的间隔等于一个点的持续时间，两个字母之间的间隔与一个线的长度相同，两个单词之间的间隔等于7个点的持续时间。

在该项目中，尽管将标点符号添加到Sketch中可能是一个有趣的练习，但我们并不关心标点符号的使用。关于莫尔斯字符的完整列表，请参见：

http://en.wikipedia.org/wiki/Morse_code

该项目Sketch的代码清单如下：

LISTING PROJECT 3

```
int ledPin = 12;

char* letters[] = {
  ".-", "-...", "-.-.", "-..", ".", "..-.", "--.", "....", "..",
  // A-I
".---", "-.-", ".-..", "--", "-.", "---", ".--.", "--.-", ".-.",
  // J-R
  "...", "-", "..-", "...-", ".--", "-..-", "-.--", "--.." // S-Z
};

char* numbers[] = {"-----", ".----", "..---", "...--", "....-",
  ".....", "-....","--...", "---..", "----."};

int dotDelay = 200;

void setup()
{
  pinMode(ledPin, OUTPUT);
  Serial.begin(9600);
}
void loop()
{
  char ch;
  if (Serial.available())   // is there anything to be read from USB?
  {
    ch = Serial.read();      // read a single letter
    if (ch >= 'a' && ch <= 'z')
    {
        flashSequence(letters[ch - 'a']);
```

```
    }
    else if (ch >= 'A' && ch <= 'Z')
    {
    flashSequence(letters[ch - 'A']);
    }
    else if (ch >= '0' && ch <= '9')
    {
      flashSequence(numbers[ch - '0']);
    }
    else if (ch == ' ')
    {
  delay(dotDelay * 4);                  // gap between words
    }
  }
}
void flashSequence(char* sequence)
{
  int i = 0;
  while (sequence[i] != NULL)
  {
        flashDotOrDash(sequence[i]);
        i++;
  }
  delay(dotDelay * 3);                  // gap between letters
}

void flashDotOrDash(char dotOrDash)
{
  digitalWrite(ledPin, HIGH);
  if (dotOrDash == '.')
  {
    delay(dotDelay);
  }
  else // must be a -
  {
    delay(dotDelay * 3);
  }
  digitalWrite(ledPin, LOW);
  delay(dotDelay);                      // gap between flashes
}
```

我们了解了利用字符数组表示的点和线。这里有两个数组：一个是字母数组，一个是数字数组。为了找出字母表中第一个字母(A)的闪烁方式，我们将取出字符letters[0]。请记住，数组中的第一个元素是元素0，而不是元素1。

定义变量dotDelay，如果想让莫尔斯电码闪烁得更快或者更慢，可以改变它的值，所有持续时间都定义为一个点的时间的倍数。

setup函数与以前的项目几乎完全一样。不过，现在我们将通过USB端口进行通信，因此必须添加下面的命令：

```
Serial.begin ( 9600 ) ;
```

该命令通知Arduino主板将USB通信速率设置为9600。该速率不是很快，但是对于莫尔斯电码消息来说，这已经足够快了。设定为这个速率还有一个好处，它是计算机上Arduino软件使用的默认速率。

在loop函数中，我们将反复检查是否已经通过USB连接发送了任何字母，并且是否必须对字母进行处理。如果存在一个需要转换为莫尔斯电码的字符且Serial.read ()命令将该字符串发送过来，则Arduino函数Serial.available ( )为“真”，我们会把该字符赋值给loop中定义为ch的变量。

然后是一系列的if语句，用于确定该字符是大写字母、小写字母还是分隔两个单词的空格符。首先看第一个if语句，我们通过该语句测试字符的值是否大于或者等于a且小于或者等于z。如果是的话，我们将利用Sketch顶部定义的字符数组找到要闪烁的点和线的序号。通过将ch中的字符减去a的方法来确定将要使用的数组的序号。

乍一看，用一个字母减去另一个字母有些陌生，但是在C语言中，这样做是完全可以接受的。例如，a-a为0，而d-a的答案是3。因此，假如从USB连接中读取的字母是f，我们将计算f-a，答案为5，它就是f在字母数组中的位置。查看letters [5]，将返回字符串....。我们将这个字符串传递给名为flashSequence的函数。

flashSequence函数将在该序列中循环，将以点或线的方式进行闪烁。C语言中的字符串在它们的结尾处都有一个特定的称为NULL的代码，用来标记字符串的结束。因此，flashSequence要做的第一件事情是定义一个名为i的变量，将用于指出从0开始的点、线字符串的当前位置。在到达该字符串结尾处的NULL之前，将一直处于while循环中。

在while循环内部，我们首先利用即将讨论的一个函数来闪烁当前的点或线，然后将i加1，并且返回循环起始处，依次闪烁每个点或线，直到该字符串的结尾处。

我们讨论的最后一个函数是flashDotOrDash，它只是接通LED，然后使用if语句进行判断：如果该字符是点，则延迟一个单独点的持续时间；如果该字符是线，则延迟3倍点持续时间，这些操作都是在它再一次关闭LED之前完成的。

项目集成

从Arduino Sketchbook下载项目3的完整Sketch，然后将其下载到板子上（参见第1章）。

要使用莫尔斯电码翻译器，我们需要利用Arduino软件中的称为Serial Monitor的部分。该窗口不仅允许我们查看Arduino主板，选择相应的任何消息，还允许键入将发送到Arduino主板的消息。

单击图3.2中高亮显示的最右端的图标，即可启动。

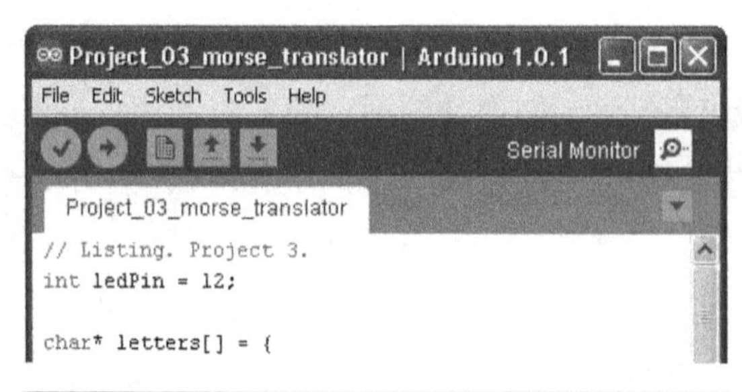

图3.2　启动Serial Monitor

Serial Monitor（图3.3）具有两部分。顶部Serial Monitor区域允许输入一行文本，当单击Send按钮或者按下回车键后，文本将会被发送到Arduino主板。

下面是一个更大的区域，其中将显示来自Arduino主板的任何消息。窗口底部右边的下拉列表，可以选择发送数据的速率。在这里，无论选择哪个选项，都必须与脚本开始消息中指定的波特率相匹配。我们使用9600，它是默认值，因此，这里不需做任何改变。

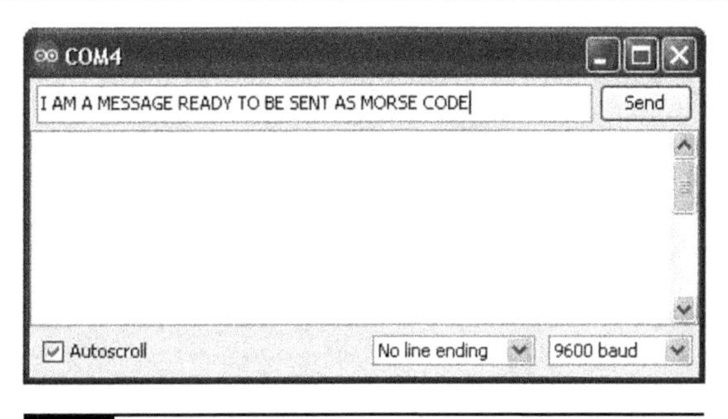

图3.3 Serial Monitor窗口

项目4——高亮度莫尔斯电码翻译器

项目3中的小LED不太可能被远处行驶的船只看到，因此在本项目中我们将提高功率，使用功率为1W的Luxeon LED。这些LED特别亮，其所有的光都来自中心极小的区域，因此不要直接盯着它看，以避免损伤视网膜。

另外，将介绍如何只进行极少的焊接，就为这个项目添加一个可以插到Arduino主板上的原型电路板。

表3.4 元器件及器材

位 号	描 述	附 录
	Arduino Uno或Leonardo	m1/m2
D1	Luxeon 1W LED	s10
R1	270Ω，0.25W 电阻	r3
R2	4.7Ω，0.25W 电阻	r1
T1	BD139 功率晶体管	s17
	面包板	h1
	面包线	h2
	原型电路板套件（可选）	m4

硬 件

我们在项目3中使用的LED电压为2V，电流为10mA。我们可以用下面的公式计算功率：

$$P = IV$$

功率等于某个元器件两端的电压乘以流经它的电流，单位是W（瓦特）。因此，该LED的功率大约为20mW，是1W Luxeon LED的1/50。Arduino刚好能够很好地驱动一个20mW的LED，但不能直接驱动1W的LED。

这是电子学中一个常见的问题，概括来说，即可以用一个小电流来控制一个更大的电流，这就是众所周知的“放大”。放大最常使用的电子元器件就是晶体管，因此晶体管就是我们切换Luxeon LED开关的元器件。

图3.4给出了晶体管的基本工作过程。晶体管有许多不同类型，我们将要使用的是NPN双极型晶体管。

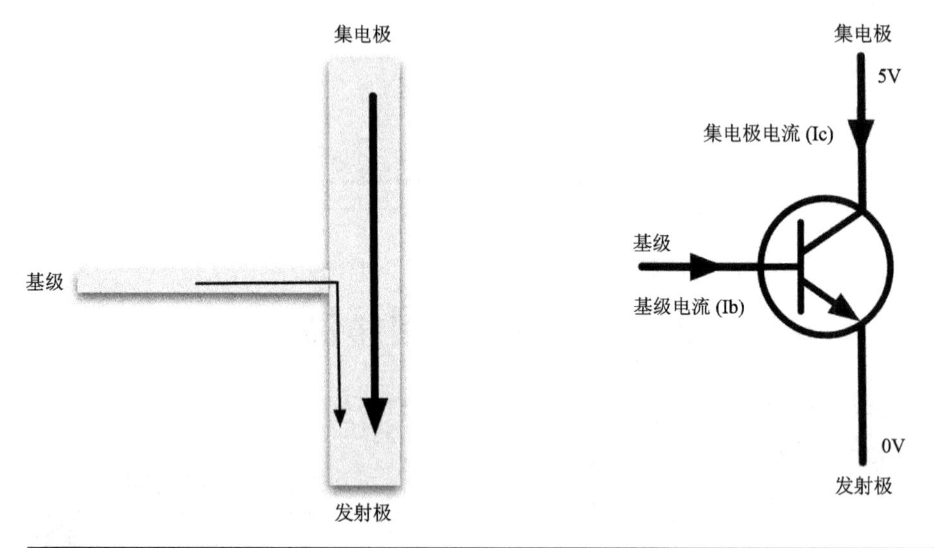

图3.4 NPN双极型晶体管的基本工作过程

晶体管有3个引脚：发射极、集电极和基极。其基本原理是，流经基极的小电流将控制流过集电极和发射极的大电流。

电流到底放大多少倍取决于晶体管，不过放大倍数的典型值是100。因此流经基极的10mA电流可能导致最大1A的电流流过集电极。如果用270Ω电阻以10mA电流驱动LED，可以预期它足以让该晶体管产生切换Luxeon LED需要的350mA电流。

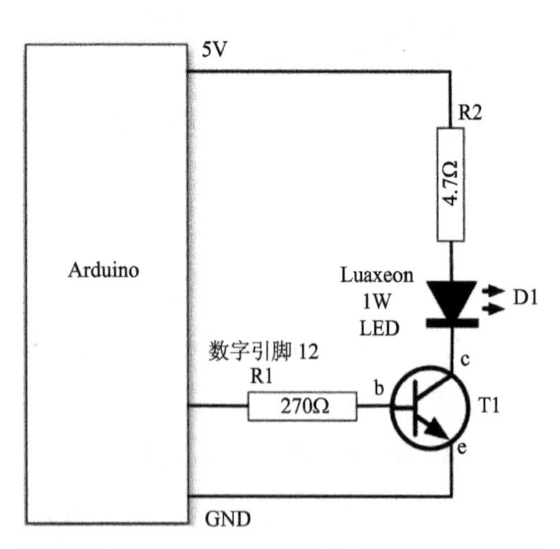

图3.5 驱动大功率LED的原理图

控制电路的原理图如图3.5所示。

270Ω电阻（R1）限制流经基极的电流。可以用公式I=V/R来计算电流的大小。因为晶体管的基极与发射极之间通常需要0.6V的压降，而Arduino输出引脚可以提供的最高电压为5V，所以V将是4.4V而不是5V。因此，电流将是4.4V/270Ω=16mA。

根据这个LED的数据手册，R2限制流经LED的电流大约为200mA。利用公式R=V/I，我们得到4.7Ω的数值。V大约为5-3.4-0.6=1.0V。5V是电源电压，LED上的压降大约为3.4V，晶体管上的压降大约为0.6V，因此电阻应该为1.0V/200mA=5Ω。较为近似的标准电阻值为4.7Ω，所以我们选择这个阻值的电阻接入电路。另外，我们还必须使用一个能应付这种大电流的电阻。电阻以热的形式消耗的功率等于它的压降乘以流经它的电流。在本例中，消耗的功率等于200mA×1.0V=200mW，所以我们选择一个功率为0.5W甚至是0.25W的电阻即可。

选择晶体管时，我们也需要确定它能够应付的功率问题。当它加电时，晶体管将消耗的功率等于电流乘以电压。在本例中，基极电流太小，可以忽略不计，因此功率正好是0.6V×200mA=120mW。通常，较好的方法是选择一个能够比较容易处理功率问题的晶体管。在本例中，我们将使用一个额定功率超过12W的BD139功率晶体管。第10章给出了一个常用晶体管列表。

现在，我们需要根据图3.6所示的实物布局图和图3.8所示的相应照片将元器件插到面包板上。正确地识别晶体管和LED引脚是至关重要的。晶体管的金属面应该面向面包板。LED的正极连接旁边有一个小“+”符号。

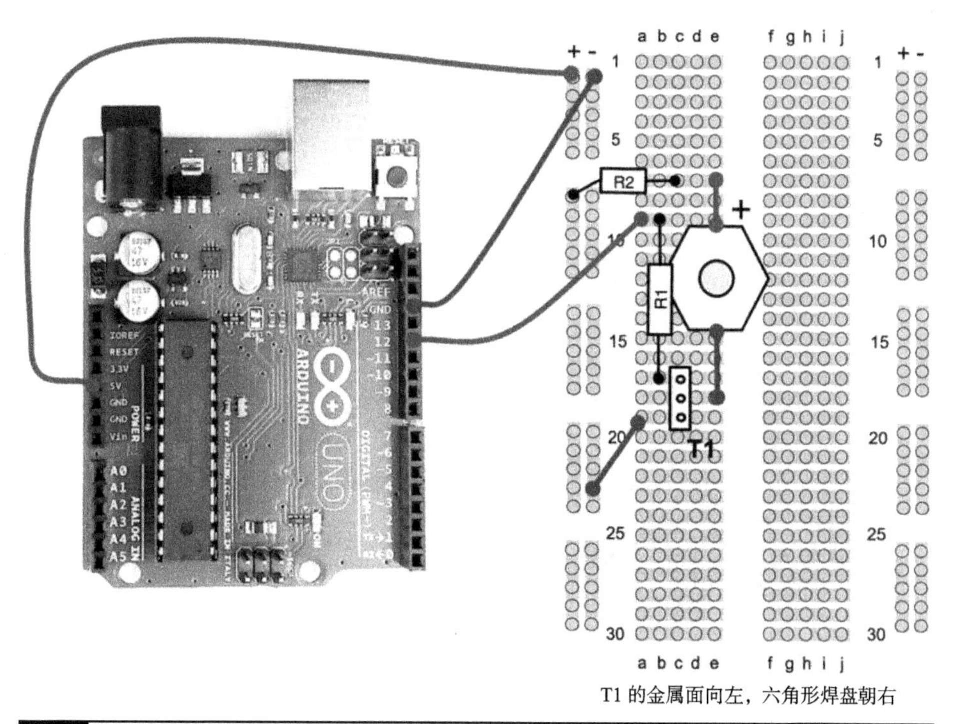

图3.6 项目4的面包板布局图

在本项目的后面将展示如何利用Arduino 原型电路板将本项目从面包板移到更永久的设计上。这需要一些焊接操作，因此，想要继续制作原型电路板，就要有用于焊接的设备，将一些引脚焊接到Luxeon LED上。将实心导线的端子焊接到沿边的6个标记中“+”和“–”符号的两个引脚上。较好的方法是用不同的颜色给引脚做一下标记：用红色表示正极，用蓝色或者黑色表示负极。

假如不想焊接的话，只需要按图3.7所示小心地将实心导线拧到引脚上即可。图3.7所示为将导线无焊接连接到Luxeon LED上。

图3.8为在面包板上搭建的项目4的照片。

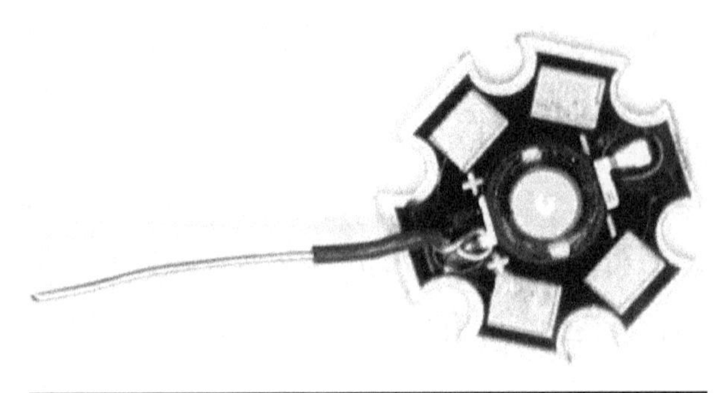

图3.7　在高亮LED上直接连接导线而不进行焊接

图3.8　在面包板上搭建完整的项目4

软　件

项目4的Sketch和项目3完全一样。

项目集成

从Arduino Sketchbook下载项目4的完整Sketch，然后将其下载到板子上（参见第1章）。

再一次采用与项目3相同的方法进行项目测试，这时需要打开Serial Monitor窗口并且开始键入内容。

事实上，LED有非常广的视角，因此，本项目也可以使用LED手电筒，其LED有一个用于聚焦光束的反射器。

制作原型电路板

这是我们所制作的项目中第一个具有足够多元器件的作品，因而有必要制作一个安装到Arduino主板上的Arduino 原型电路板。在项目6中，我们还将用到对该电路进行少许修改的硬件，因此，现在就开始制作我们自己的Luxeon LED 原型电路板。

在家里制作自己的电路板是非常可行的，但是，需要使用无毒化学材料和很多设备。幸运的是，市场上有许多Arduino 原型电路板以及与Arduino相关的开源硬件。如果逛商店，你用10美元或者更低的价格就能买到它，并且还附带制作基本原型电路板所需的成套工具，包括板子本身、安装到Arduino上的排针、LED、开关和电阻。注意：原型电路板有几种不同的类型，因此，假如板子略有不同，可能需要改变相应的设计。

原型电路板套件如图3.9所示，其中最重要的部分是原型电路板（Protoshield Circuit Board，PCB）。也可以只购买原型电路板，对许多项目来说，它就是你所需要的全部。

我们不准备将套件中的所有元器件都焊接到板子上，只是增加电源 LED、限流电阻以及连接到Arduino主板的底部引脚，因为这将是一个顶层原型板，它的上面不会再有其他任何原型电路板。

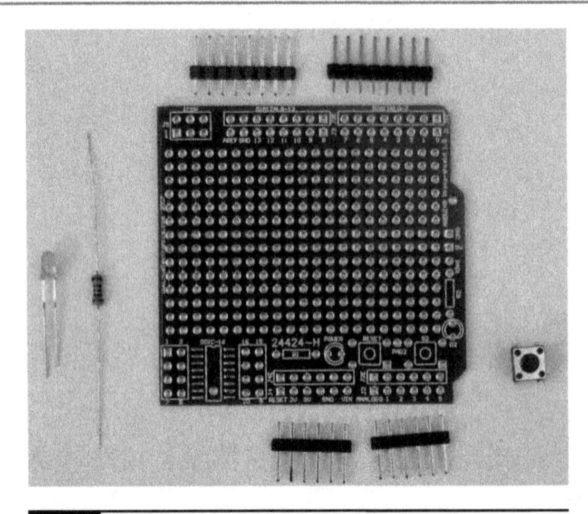

图3.9 完整的原型电路板套件

关于组装电路板的指导原则是，先将最低的元器件焊接到位。按照该指导原则，我们的焊接顺序将是首先焊接电阻、LED、复位开关，然后是下部的排针。

1kΩ电阻、LED和开关都是从板子的正面压入，穿过板子，然后从背面进行焊接（图3.10）。排针短引脚要从板子的背面向上压入板子，在正面进行焊接。

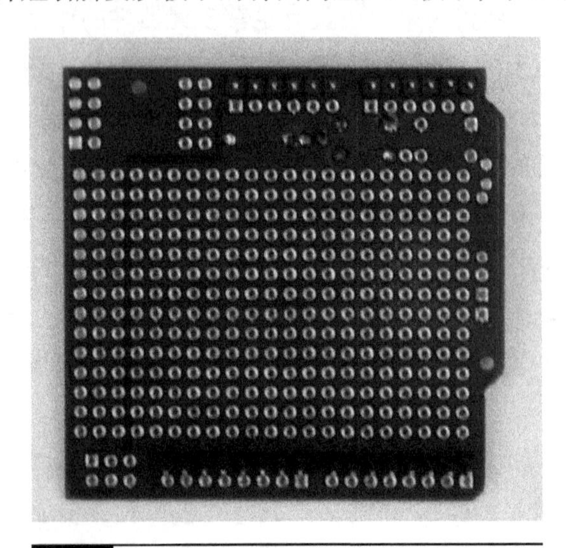

图3.10 原型电路板的背面

确保排针方向正确的比较好的方法是，先将排针安装到Arduino主板上，再插入原型电路板焊孔，在保持排针插入Arduino主板的同时焊接引脚，这样能确保引脚都是竖直的。

将所有元器件都焊接到合适的位置后，板子应该如图3.11所示。

图3.11 组装基本原型电路板

现在，我们要添加该项目中需要的元器件，这些元器件都取自面包板。首先，根据图3.12所示的布局图，将所有元器件都放置在各自的安装位置上。要确保每个元器件都有合适的安装空间。

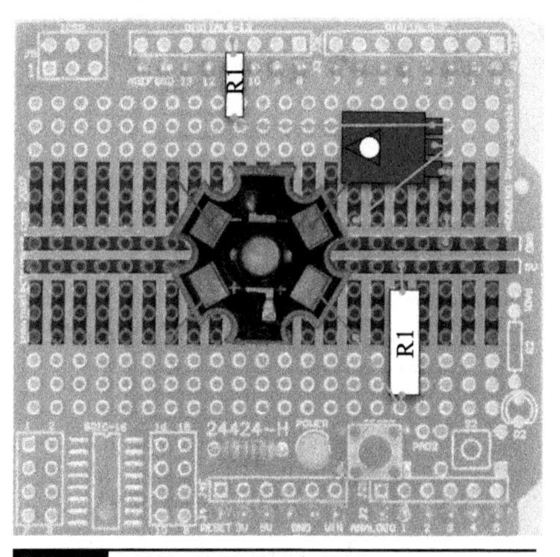

图3.12 项目4的原型板布局图

这种原型电路板是双面板，也就是说，可以在板子的正面或者背面进行焊接。正如从图3.12中所看到的，有些连接带就像面包板上的一样。

我们将所有元器件都安装在板子的正面，引脚穿过板子从背面露出，并在背面进行焊接。然后，可以将背面的元器件引脚连接起来，将多余的引脚剪掉。如果有必要，在引脚不够长的地方可以使用一段实心导线。

图3.13展示了一个已经完成的原型电路板。给板子加电并进行测试。如果加电后板子不工作，应立即切断电源，用万用表仔细检查原型电路板，查找任何可能的短路或者开路之处。

图3.13 完成的原型电路板

祝贺你！现在你已经创建了自己的第一个Arduino原型电路板，该电路板在以后的项目中将会重复使用。

小 结

现在，我们已经着手制作了一些简单的LED项目，并且探索了大功率Luxeon LED的使用方法。另外，还介绍了一些有关用C语言对Arduino主板编程的知识。

第4章 更多的LED项目

在本章中，我们将基于多功能小型电子元器件、LED创建更多的项目，并进一步学习有关数字输入/输出的知识，包括如何使用轻触开关。

本章要创建的项目包含一个交通信号灯模型、两个闪光灯项目以及一个使用大功率Luxeon LED的强光模块。

数字输入/输出

数字引脚0～12都可以用于输入/输出，这是在Sketch中设置的。因为要把电子元器件连接到这些引脚中的某一个上，所以不太可能改变一个引脚的输入/输出模式。也就是说，一旦将某个引脚设置为输出，就不会在Sketch的中间再把它变为输入。

因此，常用的做法是在setup函数中设置好一个数字引脚的方向，并且在每一个Sketch中都这样定义。

例如，下列Sketch代码将数字引脚10设置为输出，将数字引脚11设置为输入。注意，我们在Sketch中使用变量声明，从而在将该引脚用于具体的功能时改变起来更容易。

在项目5的Sketch中，我们将数字引脚5通过开关连接到GND引脚上，当开关按下之后，数字引脚5和GND就会接通。所以，我们将数字引脚5设置为INPUT_PULLUP而非INPUT。这个设定表示我们将Arduino数字引脚5内置的“上拉”电阻启用了。换个角度来理解这个问题，即输入默认的HIGH直到下拉为LOW。

```
int ledPin = 10;
int switchPin = 11;

void setup()
{
  pinMode(ledPin, OUTPUT);
  pinMode(switchPin, INPUT);
}
```

项目5——交通信号灯模型

我们已经知道如何将数字引脚设置为输入，现在可以利用红色、黄色和绿色LED构建一个交通信号灯模型项目。每当我们按下按钮时，交通信号灯将依次转换。

假如一直按住按钮不放，指示灯将依次自动变化，两次改变之间有一个延迟。

表4.1列出了项目5用到的元器件及器材。在使用LED时，为了得到最好的效果，试着选择亮度相近的LED。

表4.1 元器件及器材

位 号	描 述	附 录
	Arduino Uno或Leonardo	m1/m2
D1	5mm 红色LED	s1
D2	5mm黄色LED	s3
D3	5mm绿色LED	s2
R1~R3	270Ω，0.5W金属膜电阻	r3
S1	轻触开关	h3
	面包板	h1
	面包线	h2

硬 件

该项目的原理图如图4.1所示。

LED的连接方法与之前的项目相同，每个LED都有一个限流电阻。在开关按下之前，数字引脚5通过R4接地（GND）；按下开关后，引脚5的电位为5V。

该项目的照片如图4.2所示，面包板布局图如图4.3所示。

软 件

项目5的Sketch如下所示。

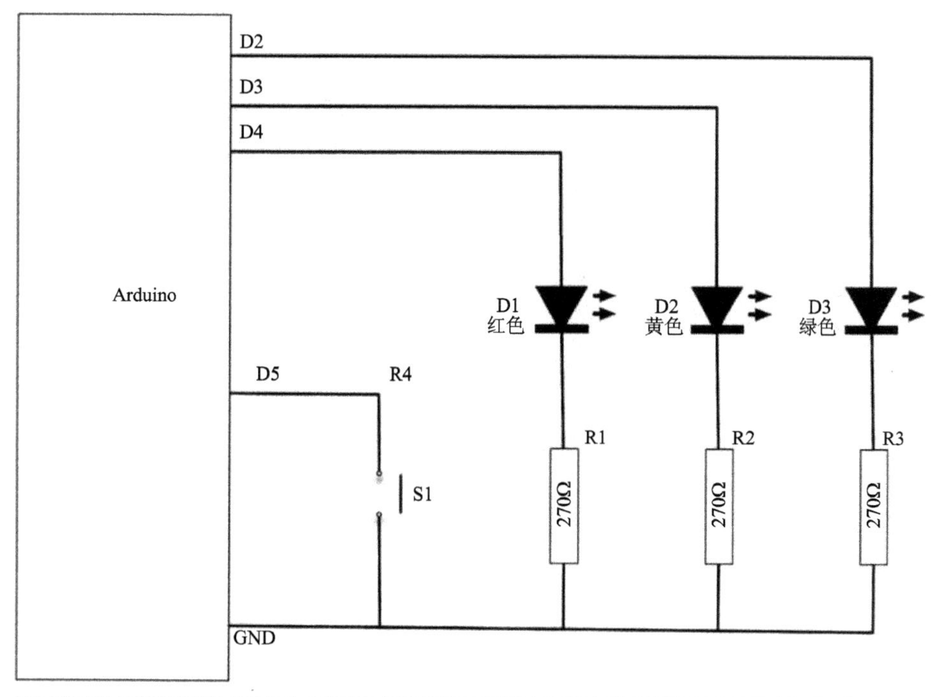

图4.1 项目5的原理图

图4.2 项目5：交通信号灯模型

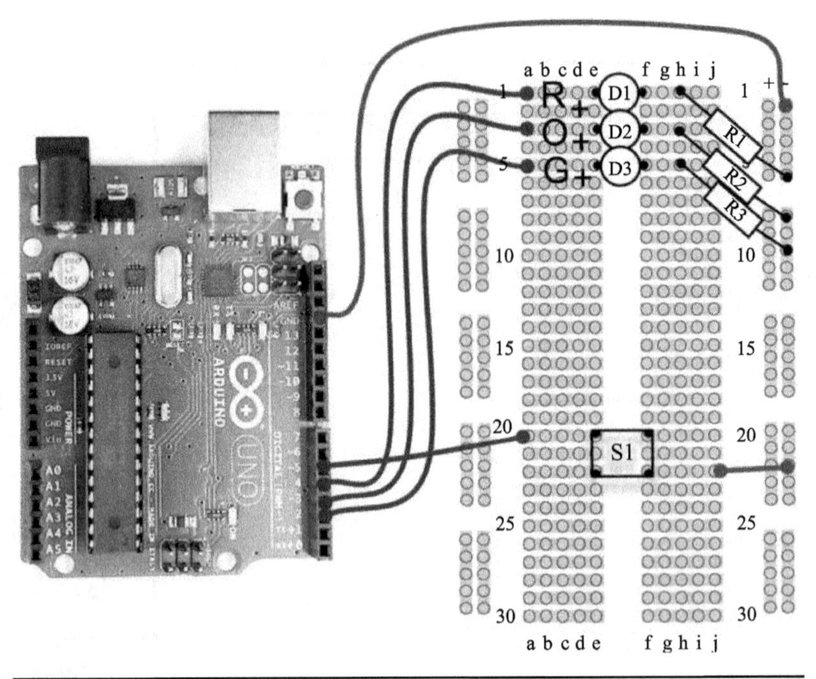

图4.3 项目5的面包板布局图

LISTING PROJECT 5

```
int redPin = 4;
int yellowPin = 3;
int greenPin = 2;
int buttonPin = 5;

int state = 0;

void setup()
{
  pinMode(redPin, OUTPUT);
  pinMode(yellowPin, OUTPUT);
  pinMode(greenPin, OUTPUT);
  pinMode(buttonPin, INPUT_PULLUP);
}

void loop()
{
  if (digitalRead(buttonPin))
```

```
    {
      if (state == 0)
      {
        setLights(HIGH, LOW, LOW);
        state = 1;
      }
      else if (state == 1)
      {
        setLights(HIGH, HIGH, LOW);
        state = 2;
      }
      else if (state == 2)
      {
        setLights(LOW, LOW, HIGH);
        state = 3;
      }
      else if (state == 3)
      {
        setLights(LOW, HIGH, LOW);
        state = 0;
      }
      delay(1000);
    }
  }
  void setLights(int red, int yellow, int green)
  {
    digitalWrite(redPin, red);
    digitalWrite(yellowPin, yellow);
    digitalWrite(greenPin, green);
  }
```

该Sketch非常简单，几乎不用说明。我们只是每秒检查一次开关是否按下，因此，快速地按开关将不会按顺序改变灯光。然而，如果我们一直按住开关，则灯光将会自动地按顺序循环显示。

delay（1000）命令可以防止LED变换得太快，造成无法分辨。

这里使用独立函数setLights来设置每个LED的状态，并将3行代码减少为1行。

项目集成

从Arduino Sketchbook下载项目5的完整Sketch，然后将其下载到主板上（参见第1章）。

利用按住按钮的方法对该项目进行测试，确保每个LED都按顺序点亮。

项目6——闪光灯

该项目使用与莫尔斯电码翻译器相同的高亮度Luxeon LED。它给LED添加了一个可变电阻——有时称为电位器。它为我们提供了一种控制手段，通过转动电位器控制闪光灯闪烁的速度。

注 意 这是一个闪光灯，非常亮！如果你有癫痫之类的疾病，请跳过本项目的实操。

硬 件

本项目的硬件与项目4基本相同，见表4.2，只是多了一个可变电阻（图4.4）。

表4.2　元器件及器材

位 号	描 述	附 录
	Arduino Uno 或 Leonardo	m1/m2
D1	Luxeon 1W LED	s10
R1	270Ω，0.5W金属膜电阻	r3
R2	4.7Ω，0.25W 金属膜电阻	r1
T1	BD139 功率晶体管	s17
R3	10kΩ可变电阻	r11
	原型电路板套件(备选)	m4
	2.1mm电源插头（备选）	h4
	9V 电池扣（备选）	h5

Arduino配备有6个模拟输入引脚，编号为0 ~ 5。这几个引脚测量输入电压，并给出0（0V）~ 1023（5V）的读数。

通过作为分压器的可变电阻连接到模拟引脚，可以用它来检测控制旋钮的位置。图4.5给出了可变电阻的内部结构。

可变电阻是一种典型的用于音量控制的元器件。它的结构是一个带有间隙的圆形导电轨道，两端具有固定连接点，滑动件提供了可移动的第三连接点。

利用可变电阻可以提供可变电压，首先将一个固定连接点连接到0V，另一个固定连接点连接到5V，然后调整旋钮，移动连接点上的电压将在0 ~ 5V变化。

正如所期待的，图4.6所示的项目6面包板布局图与项目4的布局图相似。

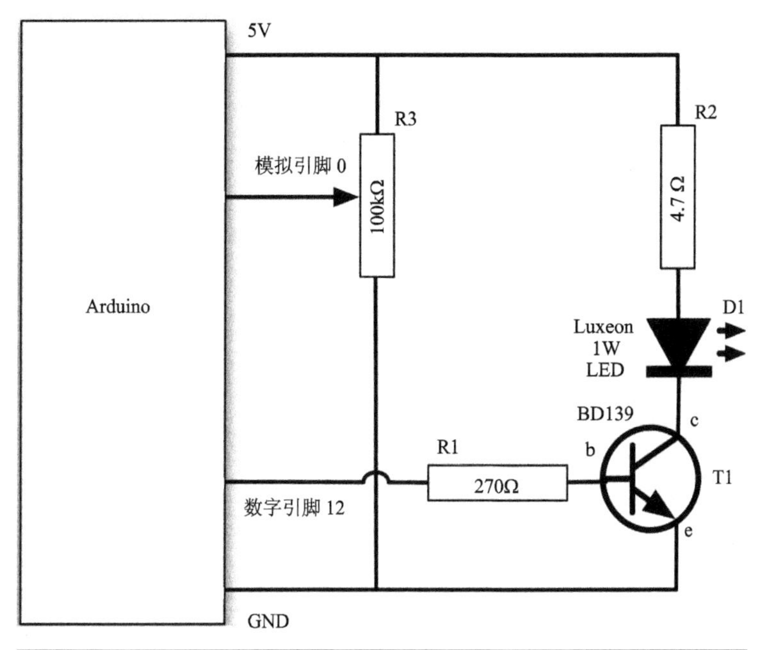

图4.4 项目6的原理图

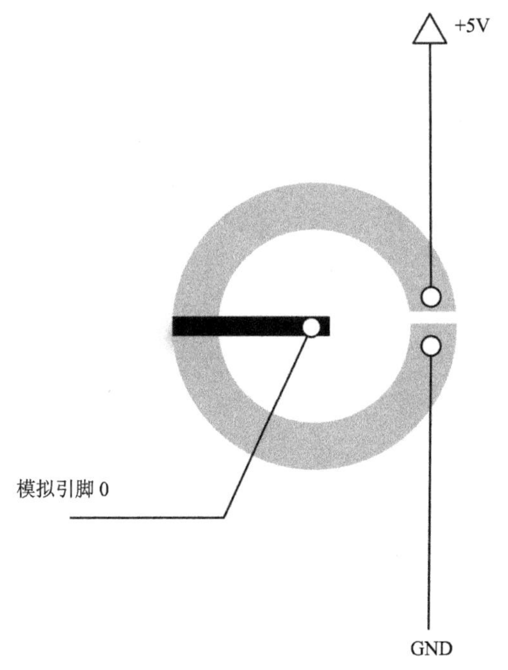

图4.5 可变电阻的内部结构

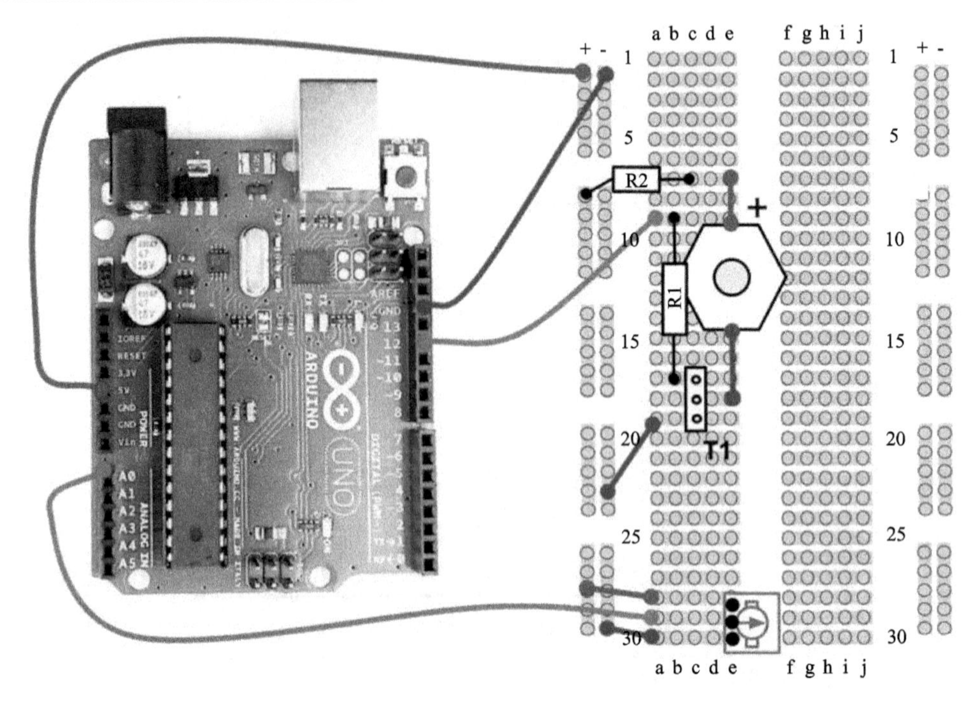

图4.6 项目6的面包板布局

软 件

下面给出本项目的Sketch。我们感兴趣的部分是从模拟输入引脚读取数值并控制闪烁的速率。

LISTING PROJECT 6

```
int ledPin = 12;
int analogPin = 0;

void setup()
{
  pinMode(ledPin, OUTPUT);
}

void loop()
{
```

```
  int period = (1023 - analogRead(analogPin)) / 2 + 25;
  digitalWrite(ledPin, HIGH);
  delay(period);
  digitalWrite(ledPin, LOW);
  delay(period);
}
```

对模拟引脚没必要使用pinMode函数，因此，我们不需要在setup函数中添加任何内容。

例如，我们准备按照1~20次/s改变闪烁速率；相应地，LED点亮与熄灭之间的延迟为500~25ms。

因此，如果模拟输入在0~1023变化，那么确定闪烁延迟的计算公式为

```
flash_delay = (1023 - analog_value) / 2 + 25
```

这样，当analog_value为0时，flash_delay为561；当analog_value为1023时，flash_delay为25。实际上，除数应该略大于2，但是如果让所有的数都为整数会使得计算变得容易。

项目集成

从Arduino Sketchbook中下载项目6的完整Sketch，然后将它下载到主板中（参见第1章）。

此时将会发现，顺时针旋转可变电阻将增加闪烁速率，同时模拟输入引脚的电压也增加。逆时针旋转将减慢闪烁速率。

制作原型电路板

如果读者想为该项目制作一个原型电路板，可以采纳项目4的原型电路板，也可以做一个新的原型电路板。

原型电路板上的元器件布局图如图4.7所示。

除增加一个可变电阻之外，该原型电路板与项目4基本相同。可变电阻上的引脚太粗，以至于无法插入原型电路板的过孔中，因此，可以连接一段导线，也可以像我们所做的，细心地将引脚焊接到与其相接触的板子的正面。为了提高机械

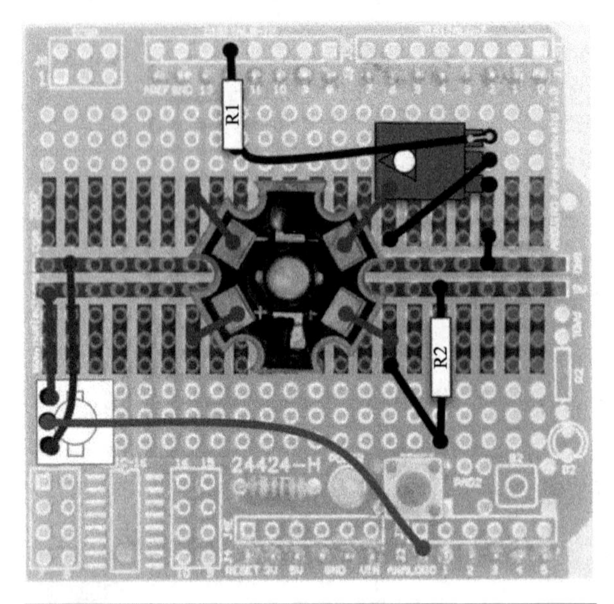

图4.7　项目6的原型电路板布局图

强度，可以先使用一滴强力胶将可变电阻粘到合适的位置。可变电阻至5V电源、GND和模拟引脚0的连线可以放到板子背面。

制作好原型电路板之后，可以利用9V电池供电，使该项目脱离计算机。

若要通过电池给该项目供电，我们需要自己制作一个小引线：一端是PP3电池线夹，另一端是一个2.1mm电源插头，图4.8给出了半成品引线。当然，也可以从SparkFun或者Adafruit网站直接购买现成的。

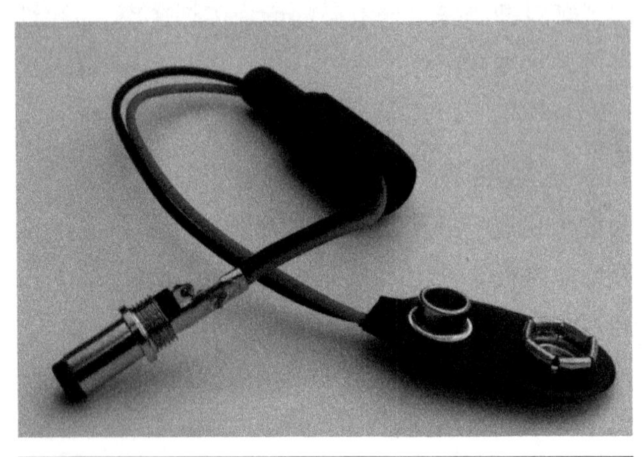

图4.8　制作电池引线

项目7——SAD灯

SAD（季节性情感紊乱）影响了很多人。研究表明，每天在模拟日光的明亮白光下暴露10分钟或者20分钟是非常有益的。出于这样的目的，我们建议使用某种散光罩，如磨砂玻璃，因为使用者不能直接注视LED点光源。

这是基于Luxeon LED创建的另一个项目，使用的元器件及器材见表4.3。我们将使用一个与可变电阻相连接的模拟输入引脚作为定时器控制，根据可变电阻的移动连接点所在位置确定的周期点亮LED。另外，还将利用一个模拟输出引脚在接通LED时慢慢提高LED的亮度，在关闭LED时慢慢降低LED的亮度。为了使LED的亮度满足SAD灯的使用要求，我们将使用不止1个Luxeon LED，而是6个Luxeon LED。

表4.3 元器件及器材

位 号	描 述	附 录
	Arduino Uno 或Leonardo	m1/m2
D1~D6	高亮度1W LED	s10
R1~R3	1kΩ，0.5W金属膜电阻	r5
R4，R5	4.7Ω，0.25W 金属膜电阻	r1
R6	100kΩ 电位器	r12
IC1，IC2	LM317 三端稳压	s18
T1，T2	2N7000 FET（场效应管）	s15
	15V 1A开关电源	h8
	万用板	h9
	三端接线端子	h10

注：请注意，这是本书中需要焊接的项目之一。
本项目将需要6个Luxeon LED。如果想省一些钱，可以考虑网上竞拍，在网上可以用10～20美元买10个这样的Luxeon LED。

在这一点上，该项目所关心的自然可能使某些创客感到有“身份危机”。不过不要担心，在项目8中，我们会用相同的硬件制作十分“吓人”的高功率闪光灯。

硬 件

数字引脚5、6、9、10和11能够提供PWM输出，而不只是5V或者不输出。这些就是旁边标有PWM的引脚，也是我们使用数字引脚11作为输出控制的原因。

PWM代表脉冲宽度调制（Pulse Width Modulation，PWM），是控制输出端功率大小的方法。PWM是通过快速接通、断开输出的方法实现的。

脉冲信号总是以相同的速率（大约每秒500次）发送的，但是脉冲的长度是变化的。如果脉冲是长脉冲，则LED将一直接通。然而，如果脉冲是短脉冲，则LED实际上只会点亮很短的时间。对于观察者来说，这发生得太快了，甚至不能说LED在闪烁，只是表现为LED比较亮或者比较暗。

你将会在项目19中再次遇到PWM，那里将使用PWM来发出声音。

可以用函数AnalogWrite设置输出的值。AnalogWrite要求一个0～255的输出值，0是断开，255是满功率。

正如图4.9所示的原理图所看到的，LED排列为两列，每列3个。由外部的15V电源为LED供电，而不是以前使用的5V电源。因为每个LED消耗300mA电流，每一列LED将吸收大约300mA电流，因此，电源必须具有提供0.6A电流的能力（1A是安全可靠的）。

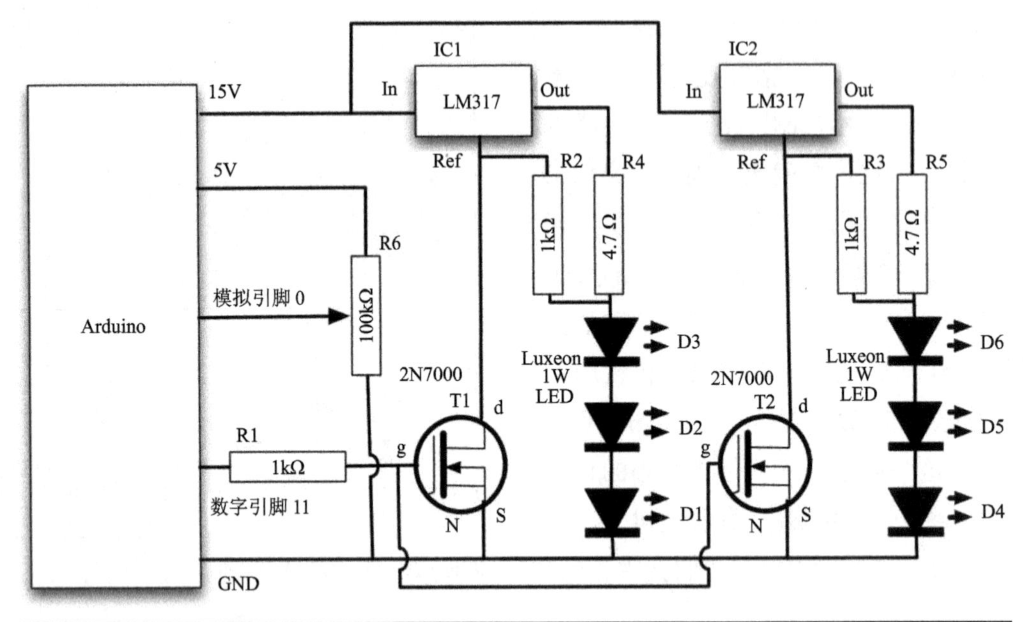

图4.9 项目7的原理图

这是到目前为止最复杂的原理图。我们用两个集成电路可变稳压器来限制流过LED的电流。稳压器的输出通常要比芯片Ref引脚上的电压高1.25V。这意味着，如果通过4Ω电阻驱动LED，流过它的电流大约为I=V/R，即1.25/4=312mA（该电流基本是合适的）。

场效应管（Field Effect Transistor，FET）就像用作开关的常见双极型晶体管一样，但是它有非常高的截止电阻。因此，当它未被其栅极上的电压触发时，电路中就好像没有它一样。然而，当它导通时，会将稳压器的Ref引脚上的电压拉到一个足够低的电平，从而阻止任何电流经过LED，LED熄灭。两个场效应管都是用数字引脚11控制的。

完整的LED模块如图4.10所示，万用板布局如图4.11所示。

图4.10 项目7的完整LED模块

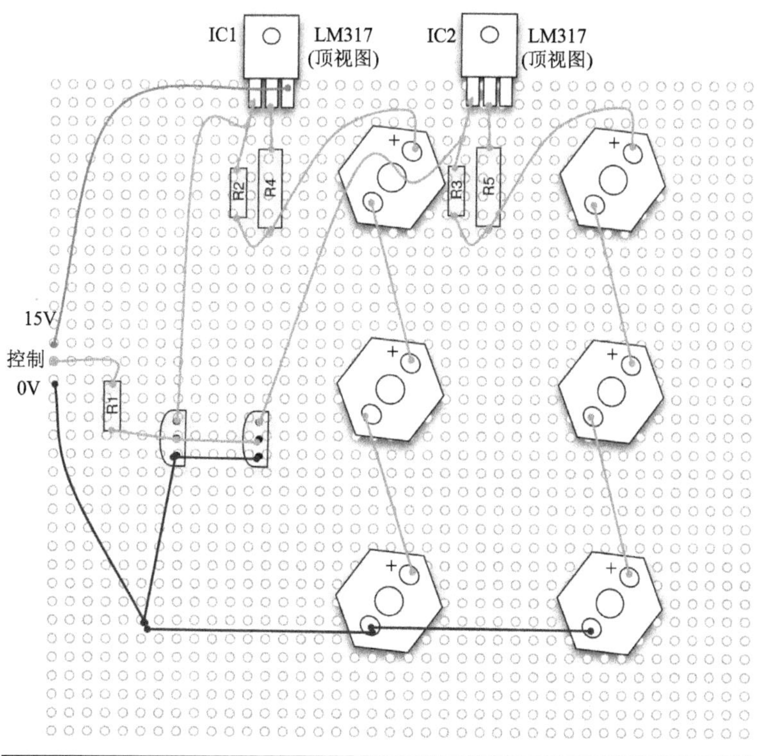

图4.11 万用板接线图

该模块是建立在万用板上的。万用板是一种有很多孔的板子。它没有任何连接，因此，它是一种用于安装元器件的构件，不过必须在板子底层将元器件连接起来，要么将它们的引脚连接在一起，要么增加导线。

在将LED安装到板子上之前，可以很容易地在每个LED上焊接两根导线。较好的做法是用不同的颜色对这些引脚进行标记：红色表示正极，黑色或者蓝色表示负极，这样就可以确保LED在板子上的方向正确（极性正确）。

LED会变热，最好在LED与万用板之间留一条间隙，并且在导线上用绝缘材料充当间隔物。稳压器也会发热，不过没有散热片也应该没有问题。稳压器集成电路（IC）实际上具有内置过热保护，如果它们开始变得过热，则会自动减少电流流过。

板子上的螺纹接线端用于连接电源的GND、15V和控制输入。当我们将它连接到Arduino主板时，15V电压将来自板子上的Vin引脚，最终由15V电源供电。

大功率LED模块还将用于其他项目，因此我们准备将可变电阻直接插到Arduino主板模拟输入引脚。可变电阻上的引脚间隔为0.2in（1in=2.54cm），这意味着如果中间移动端引脚插入模拟引脚2，则另外两个引脚将分别插入模拟引脚0和模拟引脚4中。可以从图4.12中看到这个布局。

因此，为了在可变电阻的一端获得5V电压，在另一端获得0V电压，我们准备把模拟引脚0和模拟引脚4的输出分别设置为0V和5V。

软　件

本项目Sketch的顶部，在用于引脚的变量之后，还有其他4个变量：startupSeconds、turnOffSeconds、minOnSeconds和maxOnSeconds，这是编程中常见的方法。通过在Sketch顶部设置我们希望改变的变量中的值，就很容易对其进行修改。

LISTING PROJECT 7

```
int ledPin = 11;
int analogPin = A2;

int startupSeconds = 20;
```

```
int turnOffSeconds = 10;
int minOnSeconds = 300;
int maxOnSeconds = 1800;

int brightness = 0;

void setup()
{
  pinMode(ledPin, OUTPUT);
  digitalWrite(ledPin, HIGH);
  pinMode(A0, OUTPUT);                  // Use Analog pins 0 and 4 for
  pinMode(A4, OUTPUT);                  // the variable resistor
  digitalWrite(A4, HIGH);
  int analogIn = analogRead(analogPin);
  int onTime = map(analogIn, 0, 1023, minOnSeconds, maxOnSeconds);
  turnOn();
  delay(onTime * 1000);
  turnOff();
}

void turnOn()
{
  brightness = 0;
  int period = startupSeconds * 1000 / 256;
  while (brightness < 255)
  {
    analogWrite(ledPin, 255 - brightness);
    delay(period);
    brightness ++;
  }
}

void turnOff()
{
  int period = turnOffSeconds * 1000 / 256;
  while (brightness >= 0)
  {
```

```
    analogWrite(ledPin, 255 - brightness);
    delay(period);
    brightness -;
  }
}

void loop()
{}
```

变量startupSeconds决定了在LED达到其最大亮度之前，需要用多长时间逐渐增加它的亮度。与此相似，turnOffSeconds决定了LED变暗的时间周期。变量minOnSeconds和maxOnSeconds决定了由可变电阻设置的时间范围。

在该Sketch中，loop函数没有任何内容。取而代之的是，所有代码都在setup函数中。因此，加电时，LED将自动开始循环。一旦完成循环，它将保持断开状态，直到按下复位开关为止。

缓慢导通是通过逐渐给模拟输出的值加1实现的。这是在while循环中实现的。在这里，将延迟设置为导通时间的1/255，因此经过255次循环之后，达到最大亮度。缓慢截止是以一种相似的方式实现的。

处于满亮度的时间周期是由模拟输入决定的。假设我们希望的时间范围是5～30min，需要将0～1023的值转换为300～1800s。幸运的是，我们可以方便地使用Arduino函数完成这项工作。map函数需要5个参数：希望转换的值、最小输入值（本例中为0）、最大输入值（1023）、最小输出值（300）和最大输出值（1800）。

项目集成

从Arduino Sketchbook下载项目7的完整Sketch，然后将它下载到主板中（参见第1章）。

现在，需要连接从Vin到GND和从Arduino主板数字引脚11到LED模块的3个螺纹接线柱（图4.12）的导线，再将15V电源插入主板的外接电源插座。

要想让闪光灯再次依次闪烁，单击复位开关。

图4.12 项目7：SAD灯

项目8——大功率闪光灯

该项目可以利用项目7中的6个Luxeon LED模块，或者利用在项目4中制作的Luxeon原型电路板。所用软件也与这两个项目几乎完全一样。

在这个版本的闪光灯中，我们准备利用计算机命令控制闪光灯的效果。我们将利用Serial Monitor通过USB连接发送下列命令。

```
0～9 设置模式命令的速度：0代表关闭，1代表慢，9代表快
w    逐渐变亮然后变暗的波形效果
s    闪光灯效果
```

硬　件

有关本项目所用的元器件及器材的详细信息请见项目4（使用单独Luxeon LED原型电路板的莫尔斯电码翻译器）或者项目7（6个Luxeon LED 矩阵）。

软　件

本项目的Sketch使用正弦函数产生平缓的亮度增加效果。除此之外，本Sketch中使用的技巧大部分都是在以前的项目中应用过的。

LISTING PROJECT 8

```
nt ledPin = 12;

int period = 100;

char mode = 'o'; // o-off, s-strobe, w-wave

void setup()
{
  pinMode(ledPin, OUTPUT);
  analogWrite(ledPin, 255);
  Serial.begin(9600);
}

void loop()
{
  if (Serial.available())
  {
    char ch = Serial.read();
    if (ch == '0')
    {
      mode = 0;
      analogWrite(ledPin, 255);
    }
    else if (ch > '0' && ch <= '9')
    {
      setPeriod(ch);
    }
    else if (ch == 'w' || ch == 's')
    {
      mode = ch;
    }
  }
  if (mode == 'w')
  {
    waveLoop();
  }
  else if (mode == 's')
```

```
    {
      strobeLoop();
    }
  }

  void setPeriod(char ch)
  {
    int period1to9 = 9 - (ch - '0');
    period = map(period1to9, 0, 9, 50, 500);
  }

  void waveLoop()
  {
    static float angle = 0.0;
    angle = angle + 0.01;
    if (angle > 3.142)
    {
      angle = 0;
    }
    // analogWrite(ledPin, 255 - (int)255 * sin(angle)); // Breadboard
    analogWrite(ledPin, (int)255 * sin(angle));          // Shield
    delay(period / 100);
  }

  void strobeLoop()
  {
    //analogWrite(ledPin, 0);          // breadboard
     analogWrite(ledPin, 255);         // shield
    delay(10);
    //analogWrite(ledPin, 255);        // breadboard
    analogWrite(ledPin, 0);            // shield
    delay(period);
  }
```

项目集成

从Arduino Sketchbook下载项目8的完整Sketch，然后将其下载到主板中（参见第1章）。

当安装好Sketch并且准备好Luxeon 原型电路板，或者连接了明亮的6个Luxeon面板后，灯的最初状态是熄灭的。打开Serial Monitor窗口，键入s，按回车键，将启动灯的闪烁。尝试速度命令1～9。然后，键入w命令切换到波形模式。

生成随机数

计算机具有确定性特征，假如问它两次同样的问题，你将得到相同的答案。然而，有时你希望自己有机会介入。这对于游戏来说是非常必要的。

在其他场合，这个功能也很有用，如“随机走动”：机器人做一次随机转向，然后向前移动一个随机的距离，它碰到某个物体后，倒退并再一次转向。与机器人按一定模式行走的固定算法相比，“随机走动”在确保机器人在房间内所有区域走动方面更具优势。

Arduino库包含创建随机数的函数——random，它有两种用法。

此函数可能有两个参数（最小值和最大值）或者一个参数（最大值），后一种情况假定最小值为0。

尽管如此也要小心，因为最大参数具有误导性，实际上可以得到的最大数是最大值减1。

因此，下列代码行将使x得到1～6的一个值：

```
int x = random(1,7);
```

而下列代码行将使x得到0～9的一个值：

```
int x = random(10);
```

正如我们在本节开始时所提到的，计算机具有确定性特征，实际上我们的随机数根本就不是随机的，而是一个很长的随机分布的数字序列。每次运行脚本时，实际上都将得到相同的数字序列。

还有一个函数允许进行控制——randomSeed，可以确定随机数生成器在伪随机数序列中开始的位置。

一个操作技巧是使用一个未连接的模拟输入的值，因为它会在不同的数值上漂移，至少可以为随机序列提供1000个不同的起始点。这不能用于抽奖，但是对于大多数应用来说都是被认可的。真正的随机数字很难得到，包括专用硬件在内。

项目9——LED骰子

该项目使用我们刚刚介绍的随机数创建具有6个LED和1个按钮的电子骰子。每当按下按钮时，LED先“滚动”一会儿，然后固定在一个数值上，并进行闪烁。

本项目使用的元器件及器材见表4.4。

表4.4 元器件及器材

位 号	描 述	附 录
	Arduino Uno或Leonardo	m1/m2
D1～D7	标准LED，任何颜色	s1-s6
R1～R7	270Ω，0.25W电阻	r3
S1	轻触开关	h3
	面包板	h1
	面包线	h2

硬 件

项目9的原理图如图4.13所示。每个LED都通过独立的数字输出引脚经限流电阻进行驱动。唯一的特殊元器件是开关和与之有关的下拉电阻。

尽管一个骰子的单面最多只能有6个点，但是我们仍然需要7个LED，使得滚动次数为奇数时有一个点位于正常排列的中间。

图4.14给出了该项目的面包板布局图，图4.15是完成后的面包板。

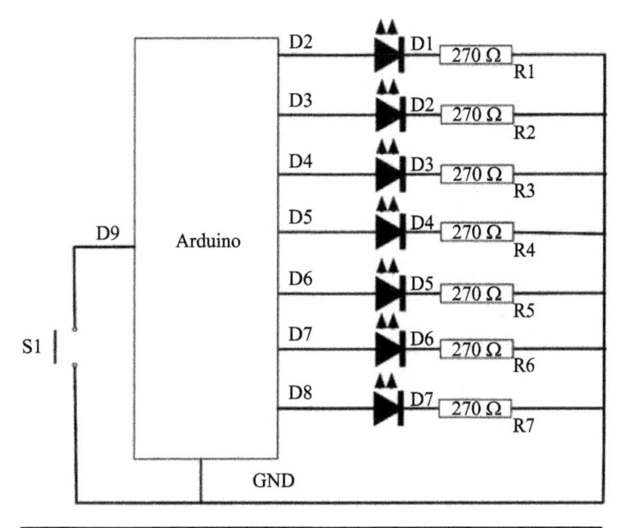

图4.13 项目9的原理图

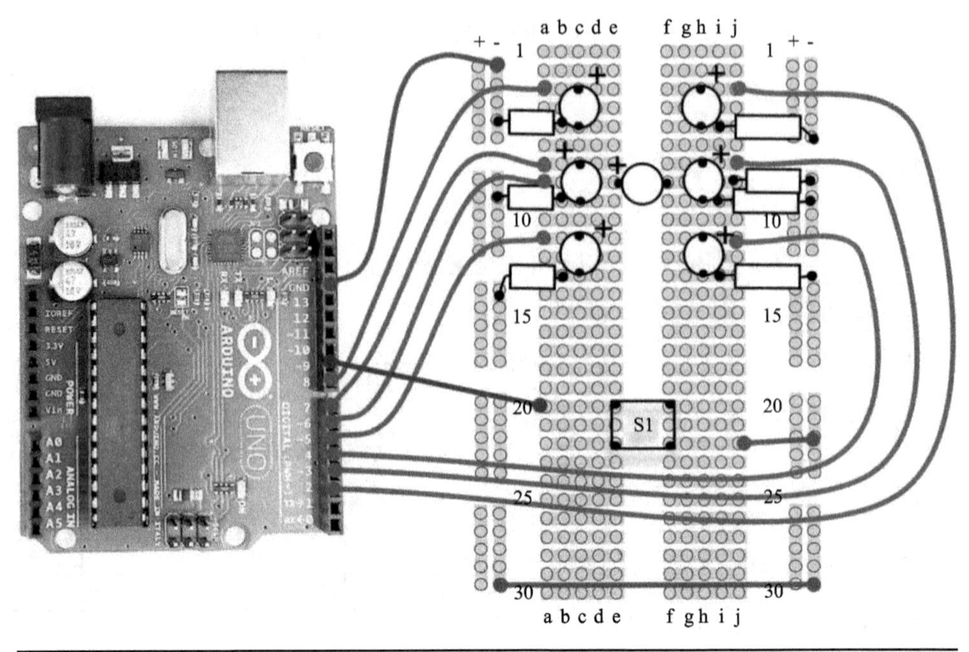

图4.14　项目9的面包板布局图

图4.15　项目9：LED骰子

软　件

该项目的Sketch相当简单明了。通过几次试验，使LED骰子具有与真实骰子相似的行为方式。例如，当骰子滚动时，数字变化，不过是逐渐减慢。另外，骰子滚动时间的长度也是随机的。

LISTING PROJECT 9

```
int ledPins[7] = { 2, 3, 4, 5, 7, 8, 6 };
int dicePatterns[7][7] = {
  {0, 0, 0, 0, 0, 0, 1},             // 1
  {0, 0, 1, 1, 0, 0, 0},             // 2
  {0, 0, 1, 1, 0, 0, 1},             // 3
  {1, 0, 1, 1, 0, 1, 0},             // 4
  {1, 0, 1, 1, 0, 1, 1},             // 5
  {1, 1, 1, 1, 1, 1, 0},             // 6
  {0, 0, 0, 0, 0, 0, 0}              // BLANK
};

int switchPin = 9;
int blank = 6;

void setup()
{
  for (int i = 0; i < 7; i++)
  {
    pinMode(ledPins[i], OUTPUT);
    digitalWrite(ledPins[i], LOW);
  }
  pinMode(switchPin, INPUT_PULLUP);
  randomSeed(analogRead(0));
}

void loop()
{
  if (digitalRead(switchPin))
  {
```

```
    rollTheDice();
  }
  delay(100);
}

void rollTheDice()
{
  int result = 0;
  int lengthOfRoll = random(15, 25);
  for (int i = 0; i < lengthOfRoll; i++)
  {
    result = random(0, 6);       // result will be 0 to 5 not 1 to 6
    show(result);
    delay(50 + i * 10);
  }
  for (int j = 0; j < 3; j++)
  {
    show(blank);
    delay(500);
    show(result);
    delay(500);
  }
}

void show(int result)
{

  for (int i = 0; i < 7; i++)
  {
  digitalWrite(ledPins[i], dicePatterns[result][i]);
  }
}
```

现在，在setup函数中初始化7个LED。可以将它们放进一个数组中，然后在数组中循环，初始化每个引脚。在setup函数中有一个randomSeed函数可以调用。如果不这样做，那么每次复位板子时，都将以相同的掷骰子序列终止。作为实验，你可以尝试在该行的前面添加“//”符号，把该行代码变为注释。事实上，作为创客，你可能会更喜欢省略掉该行，以便在“蛇爬梯子”（Snakes and Ladders，一种儿童棋类游戏，棋子走到楼梯图案时可进格，走到蛇图案时要退格）中为所欲为。

数组dicePatterns决定了在任意一次具体的掷骰子过程中，哪个LED会亮，哪个LED会灭。所以，每次扔出的数组元素实际上都是一个7元素数组本身，每个元素要么为HIGH(1)，要么为LOW(0)。当显示掷骰子的一次具体结果时，只是在进行投掷的数组中循环，相应设置每一个LED。

项目集成

从Arduino Sketchbook下载项目9的完整Sketch，然后将它下载到主板中（参见第1章）。

小 结

在本章中，我们使用了多种LED，并掌握了以有趣方式点亮它们的软件方面的技巧。在下一章，我们将研究不同类型的传感器，并利用它们为项目提供输入。

第5章 传感器项目

传感器将现实世界的测量值变成电信号，可以用于Arduino主板。本章中的所有项目都与光和温度有关。

本章还将介绍如何连接键盘和旋转编码器。

项目10——键盘密码

本项目使用的元器件及器材见表5.1。

这个项目应该会让创客觉得值得去做。密码必须通过键盘输入，如果密码正确，绿色LED点亮；如果密码不正确，红色LED保持点亮状态。在项目27中，我们会重新用到这个项目，并且会看到这个项目不仅能显示正确的指示灯，而且能控制门锁。

注意，键盘通常没有连接引脚，因此，我们必须连接这些引脚，而连接这些引脚的唯一方式就是焊接。因此，焊接工作是我们这个项目的另一部分。

表5.1　元器件及器材

位　号	描　述	附　录
	Arduino Uno或Leonardo	m1/m2
D1	红色5mm LED	s1
D2	绿色5mm LED	s2
R1, R2	2270Ω，0.5W金属膜电阻	r3
K1	4×3键盘	h11
	2.54mm间距排针	h12
	面包板	h1
	面包线	h2

硬　件

项目10的原理图如图5.1所示。至此，我们已习惯使用LED，新增加的设备是键盘。

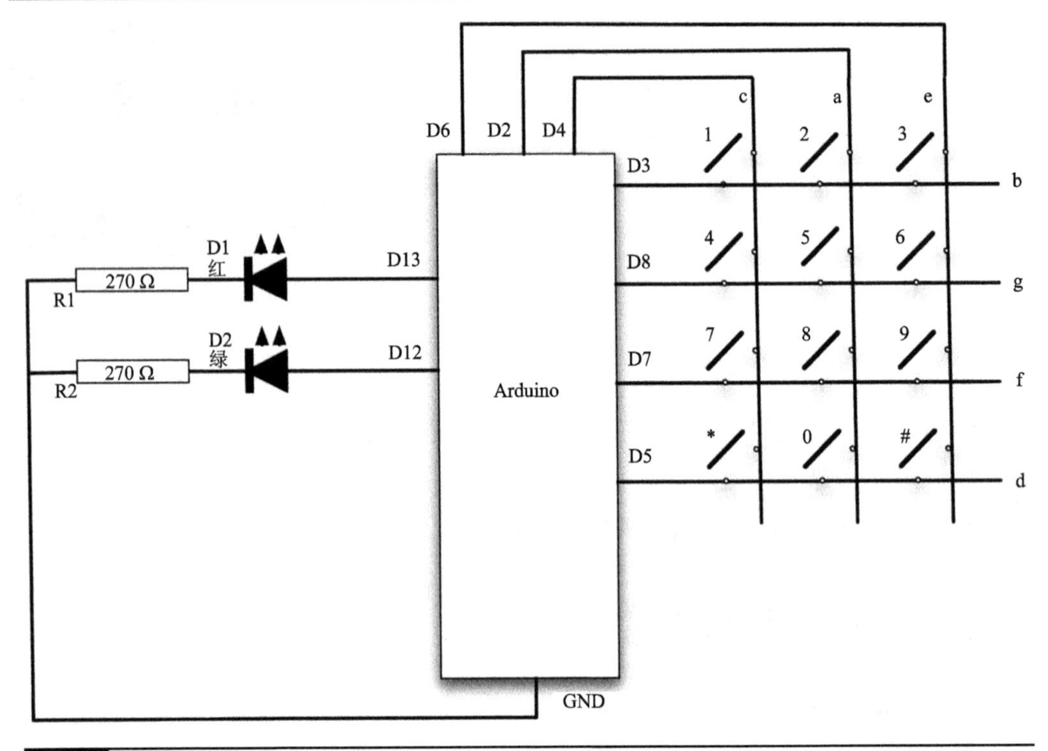

图5.1　项目10的原理图

键盘通常排列成栅格状，因此，当按下其中一个键时，它就将行线与列线连通。图5.2所示为12键键盘的典型排列，12个按键是数字0～9以及*和＃键。

键盘开关放置在行、列导线的交叉点上。按下任何一个键，都会将其所在的行与列连通。

像这样将按键排列成栅格状，就意味着我们仅需要7个数字引脚（3行4列），而不是12个数字引脚（每个按键一个引脚）。

然而，这也意味着我们必须在软件上做更多的工作，以确定哪一个键被按下。我们采取的基本方案是将按键的每一行连接到数字输出，而每一列连接到数字输入，然后依此将每一个输出设置为高电平，并且确定哪一个输入是高电平。

图5.3显示了如何将7个引脚用单排针焊接到键盘上，这样就可以将键盘连到面包板上。可以购买单排针，它们很容易折断成需要的引脚数。

现在，我们只需要找出键盘上的哪一个引脚与哪一行或哪一列对应。幸运的话，提供的键盘会附带一张提供这些信息的数据表。如果键盘不提供这样的数据

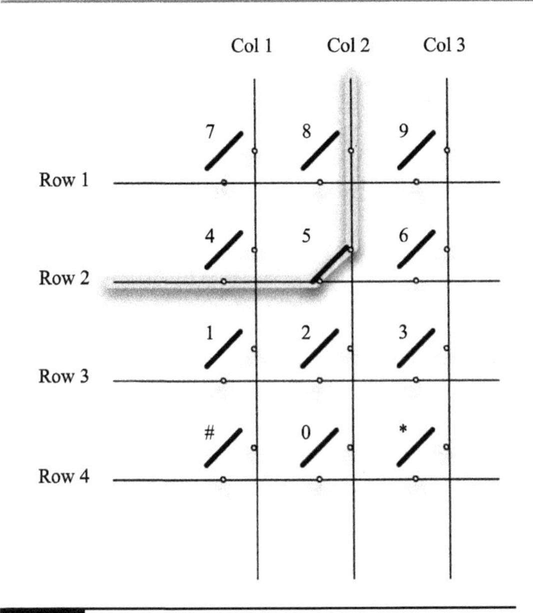

图5.2 12键键盘图

图5.3 焊接到键盘上的排针

表，就需要用万用表做一些检测工作。将万用表置于连通挡，这样当引线连接在一起时会有蜂鸣声。然后准备一张纸，画出键盘连接的示意图，并用字母a ~ g来标注每一个引脚，将所有的键写在一列上，依次按下每一个键并保持按下状态，找出万用表发出蜂鸣声指示连接的一对引脚（图5.4），放开按键，以检查确定连接的正

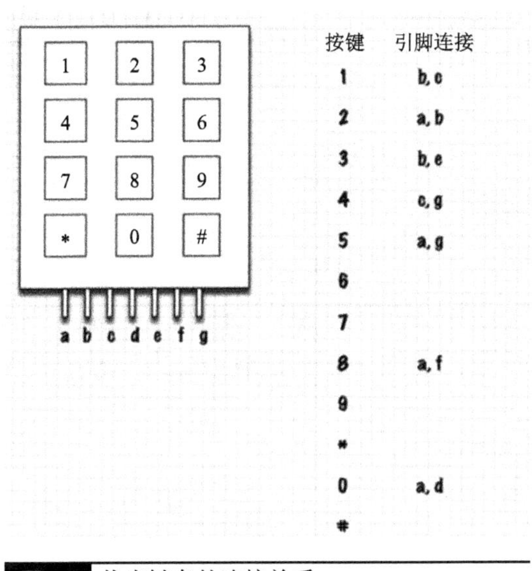

图5.4 找出键盘的连接关系

确性。之后，就会得到一个键盘布局图，可以看清引脚与行和列的关系。图5.4显示了作者所使用键盘的排列。

本项目完整的面包板布局图如图5.5所示，实物照片如图5.6所示。注意：你手头的键盘可能是不同的输出引脚顺序。如果是这样的话，需要相应修改面包线的连接顺序。

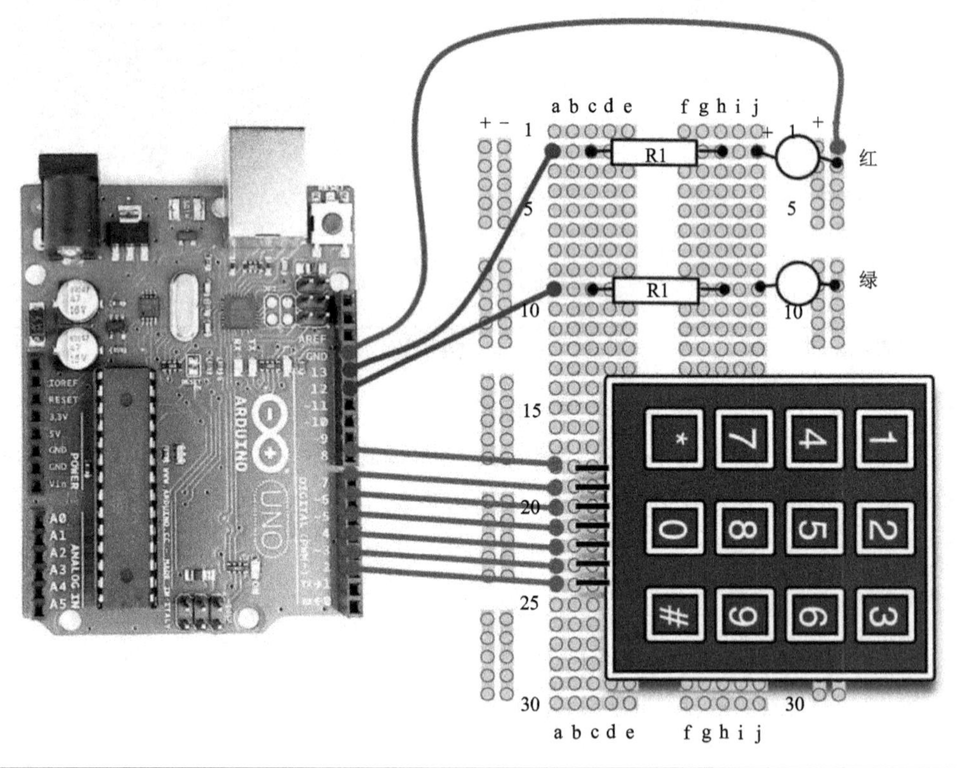

图5.5 项目10的面包板布局图

你可能已经注意到，数字引脚0和1旁边标注了TX和RX。这是因为这两个引脚还用于Arduino主板的串行通信，包括USB连接。通常应避免将数字引脚0和1用于通用输入/输出任务，以便于串行通信（包括Arduino编程）无需断开任何连线。

软 件

我们编写一个Sketch，依次接通每一行的输出，并读取输入，获得任意按键的

图5.6 项目10：键盘密码

坐标。并不是每次按下按键的动作都是良好的，因此编程并不那么简单。键盘和轻触开关可能会抖动。也就是说，当你按下它们时，它们并不是简单地由打开变为闭合，而可能是打开、闭合几次。

庆幸的是，Mark Stanley和Alexander Brevig为我们创建了一个函数库，可以用它来处理连接键盘之类的问题。这是展示将一个库安装到Arduino软件的好机会。

除了Arduino附带的函数库外，许多人都开发了自己的函数库，并将其发布到Arduino社区。创客觉得这些无私奉献非常有趣，并视其为一大乐趣。但是，他们不屑于在自己的作品中使用这些库。

为了使用这些函数库，我们必须先从Arduino站点上将其下载下来：

www.arduino.cc/playground/Code/Keypad

下载文件*Keypad.zip*并将其解压缩到桌面。

不管使用的是Windows、Mac，还是Linux操作系统，你都会发现Arduino软件已经在Documents文件夹中创建了一个 Arduino子文件。你可以将下载的任何库文件都移动到其中。如果这是你安装的第一个库，那么有可能需要在Documents文件夹中创建Arduino文件夹。

图5.7展示了在解压文件夹的时候如何创建Arduino文件夹。

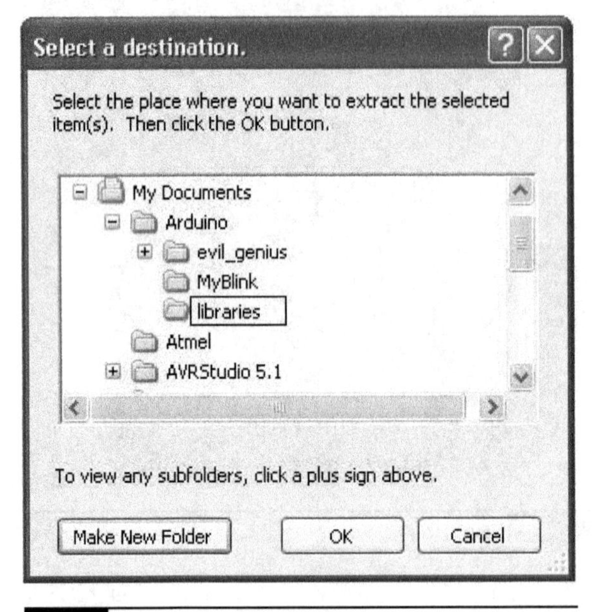

图5.7 在Windows中解压函数库

一旦将该函数库安装到Arduino目录中，就可以在我们编写的Sketch中使用它。

在重新启动Arduino之后，可以选择打开Files菜单，然后选择Examples选项，就会发现新的选项——Keypad，里面包含了关于键盘的各种应用（图5.8）。

项目Sketch如Listing Project10所示。注意：你可能需要改变自己键盘的`rowPins`和`colPins`数组，以便它们与本项目键盘的按键布局相一致，与我们在硬件部分所讨论的一样。

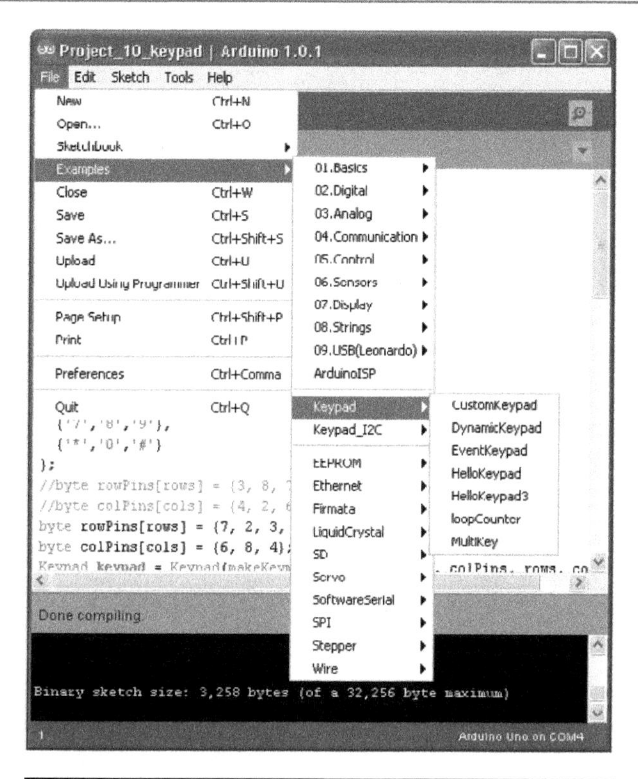

图5.8 检查是否安装正常

LISTING PROJECT 10

```
#include <Keypad.h>
char* secretCode = "1234";
int position = 0;

const byte rows = 4;
const byte cols = 3;
char keys[rows][cols] = {
  {'1','2','3'},
  {'4','5','6'},
  {'7','8','9'},
  {'*','0','#'}
};
byte rowPins[rows] = {7, 2, 3, 5};
byte colPins[cols] = {6, 8, 4};
```

```
Keypad keypad = Keypad(makeKeymap(keys), rowPins, colPins, rows, cols);

int redPin = 13;
int greenPin = 12;

void setup()
{
  pinMode(redPin, OUTPUT);
  pinMode(greenPin, OUTPUT);
  setLocked(true);
}

void loop()
{
  char key = keypad.getKey();
  if (key == '*' || key == '#')
  {
    position = 0;
    setLocked(true);
  }
  if (key == secretCode[position])
  {
    position ++;
  }
  if (position == 4)
  {
    setLocked(false);
  }
  delay(100);
}

void setLocked(int locked)
{
  if (locked)
  {
    digitalWrite(redPin, HIGH);
    digitalWrite(greenPin, LOW);
```

```
    }
    else
    {
      digitalWrite(redPin, LOW);
      digitalWrite(greenPin, HIGH);
    }
  }
```

这个Sketch相当简单。loop函数用于检查按键是否按下，如果按下的按键是#或*，按键位置变量position返回0；反之，如果按下的按键是任何一个数字，Sketch会检测这个按下的按键是否正是希望的下一个按键（secretCode[position]），如果是，位置变量加1。最后，loop检查位置变量是否为4，如果是，Sketch将LED置为解锁状态。

项目集成

从Arduino Sketchbook下载安装项目10的完整Sketch，并下载到主板（参见第1章）。

如果在完成这项工作时遇到麻烦，最大的可能就是键盘上的引脚布局存在问题。因此，一定要用万用表找出引脚连接。

旋转编码器

前面我们已经接触了可变电阻，旋转旋钮时，电阻值就会变化。这些可变电阻经常用于电子仪器的旋钮中。可变电阻还有另外一种形式——旋转编码器，如果你有某种消费电器，上面的旋钮可以旋转，并且可以无限制地旋转而没有终点，在这种旋钮的后面很可能就有一个旋转编码器。

有些旋转编码器也与按钮协同工作，这样就可以先旋转旋钮，然后再按下。这对于使用液晶显示屏（LCD）的菜单选择来说是特别有效的方式。

旋转编码器是一种数字器件，这种器件有两个输出（A和B）。旋转旋钮时，输出会有变化，这个变化告诉你旋钮是顺时针旋转还是逆时针旋转。

图5.9显示出当编码器工作时输出A和B的信号是如何变化的。顺时针旋转旋钮

时，脉冲会变化，并且会在图中从左向右移动；逆时针旋转旋钮时，脉冲会在图中从右向左移动。

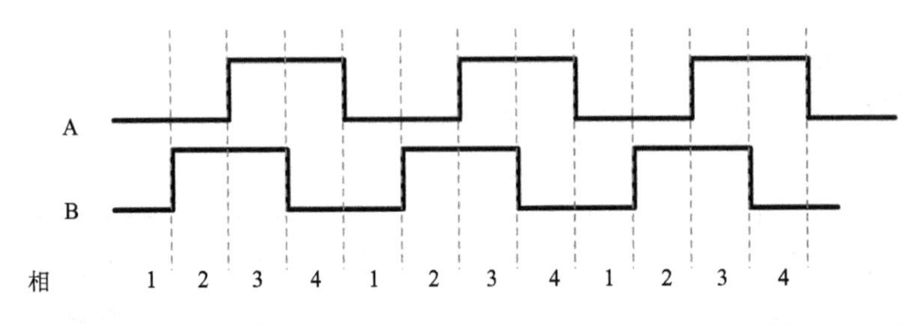

图5.9 旋转编码器输出的脉冲波形

因此，如果A和B都是低电平，然后B变为高电平（从状态1到状态2），这表明旋钮已经顺时针旋转；如果A低、B高，然后A由低变高（从状态2到状态3）也同样表明旋钮顺时针旋转；如果A高、B低，然后B变高，已经从状态4回到状态3，表明旋钮逆时针旋转。

项目11——采用旋转编码器的交通信号灯模型

这个项目基于项目5。它采用带有内置按钮开关的旋转编码器来控制交通信号灯的顺序。这里的交通信号灯控制器模型是理想化的，但是与现实生活中的交通信号灯控制器的逻辑是一致的。

旋转编码器将会改变信号灯顺序点亮的频率。按下按钮就可以测试灯的状态，当按钮按下时，所有的信号灯同时点亮。

本项目所用的主要元器件及器材与项目5相同，见表5.2，只是增加了一个旋转编码器代替原来的轻触开关。

表5.2 元器件及器材

位 号	描 述	附 录
	Arduino Uno 或 Leonardo	m1/m2
D1	红色5mm LED	s1
D2	黄色5mm LED	s3
D3	绿色 5mm LED	s2
R1~R3	270Ω，0.25W 电阻	r3
S1	带按钮开关的旋转编码器	h13
	面包板	h1
	面包线	h2

硬 件

项目11的原理图如图5.10所示。主要的电路与项目5相同，不同的是现在采用

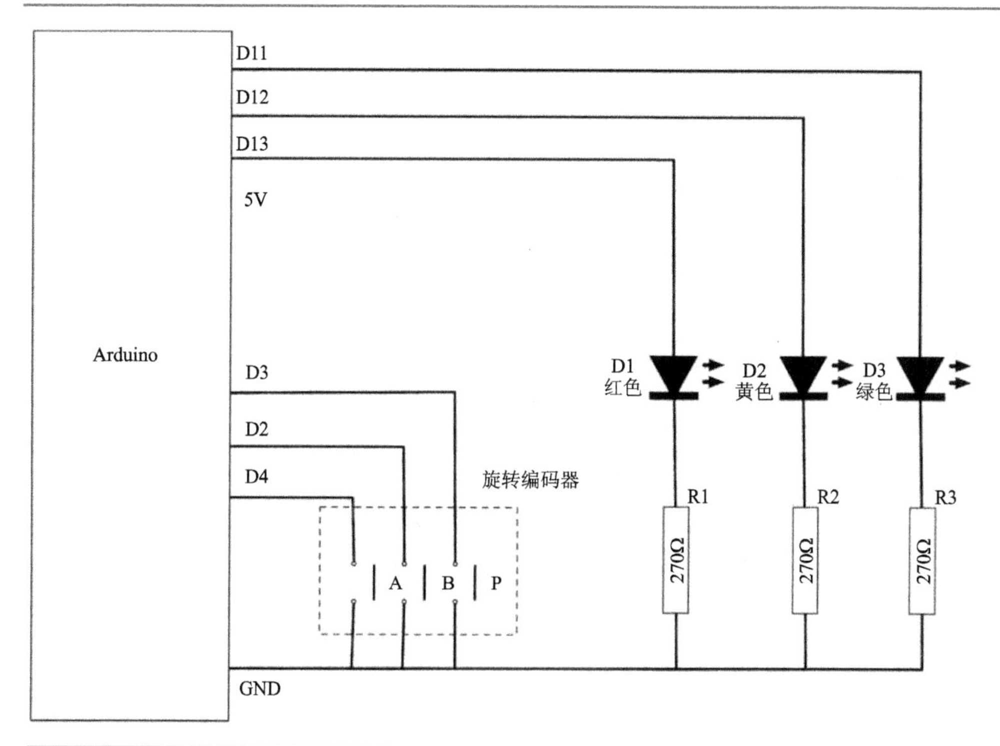

图5.10 项目11的原理图

了旋转编码器。

旋转编码器起到3个开关的作用：两个分别对应A和B，另一个起轻触开关的作用。每个开关都需要一个下拉电阻。

由于原理图与项目5很相似，因此面包板的布局（图5.11）也就与项目5的面包板布局非常类似。

软 件

本项目Sketch的开始是项目5的Sketch。我们已经添加了读编码器的代码，以及通过将所有LED点亮来响应按钮按下的代码，同时也对信号灯做了逻辑增强处理，以使得信号灯的控制更接近实际情况，即自动改变信号灯。在项目5中，保持开关按下时，信号灯以大致每秒一次的速度改变顺序。在实际交通中，信号灯在红灯和绿灯状态的时间比黄灯要长得多，因此Sketch现在有两个周期：短周期`shortPeriod`和长周期`longPeriod`。短周期Sketch不变，而仅仅在需要改变

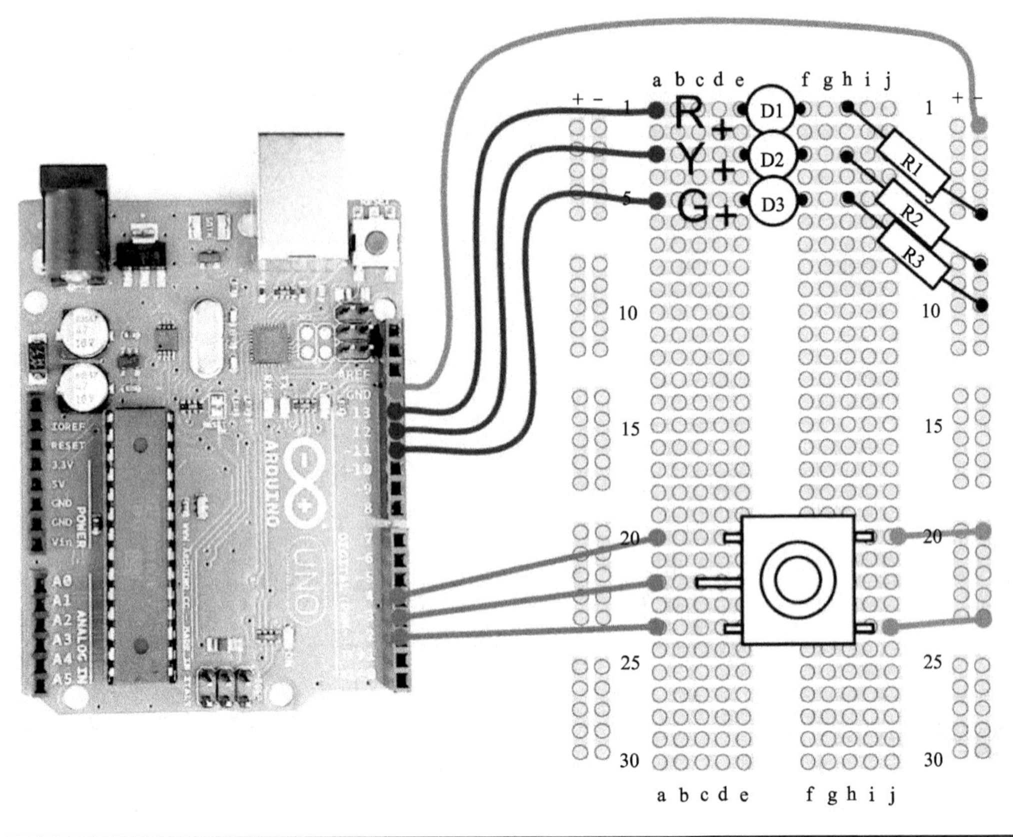

图5.11　项目11的面包板布局图

信号灯状态时调用；长周期Sketch决定红灯和绿灯点亮时间的长短，通过旋转编码器来改变周期。

处理旋转编码器的关键在于`getEncodeTurn`函数。每当调用该函数时，Sketch就将A和B的当前状态与前面状态相比较。如果状态有任何变化，Sketch会判断出是顺时针旋转还是逆时针旋转，并且返回对应的-1或者1；如果状态没有变化（旋钮没有旋转），则返回0。这个函数必须频繁地调用，否则在快速旋转控制器时可能会导致一些变化没有正确地识别。

如果想在其他项目中使用旋转编码器，可以拷贝这个函数。这个函数使用静态变量修改变量`oldA`和`oldB`的值。这是一个有效的技巧，采用静态变量允许函数在两次函数调用期间保持变量的值不变，而通常的情况是在每次函数调用时会对变量的值复位。

LISTING PROJECT 11

```
int redPin = 13;
int yellowPin = 12;
int greenPin = 11;
int aPin = 4;
int bPin = 2;
int buttonPin = 3;

int state = 0;
int longPeriod = 5000;          // Time at green or red
int shortPeriod = 700;          // Time period when changing
int targetCount = shortPeriod;
int count = 0;

void setup()
{
  pinMode(aPin, INPUT_PULLUP);
  pinMode(bPin, INPUT_PULLUP);
  pinMode(buttonPin, INPUT_PULLUP);
  pinMode(redPin, OUTPUT);
  pinMode(yellowPin, OUTPUT);
  pinMode(greenPin, OUTPUT);
}

void loop()
{
  count++;
  if (digitalRead(buttonPin) == LOW)
  {
    setLights(HIGH, HIGH, HIGH);
  }
  else
  {
    int change = getEncoderTurn();
    int newPeriod = longPeriod + (change * 1000);
    if (newPeriod >= 1000 && newPeriod <= 10000)
    {
```

```
      longPeriod = newPeriod;
    }
    if (count > targetCount)
    {
      setState();
      count = 0;
    }
  }
  delay(1);
}

int getEncoderTurn()
{
  // return -1, 0, or +1
  static int oldA = LOW;
  static int oldB = LOW;
  int result = 0;
  int newA = digitalRead(aPin);
  int newB = digitalRead(bPin);
  if (newA != oldA || newB != oldB)
  {
    // something has changed
    if (oldA == LOW && newA == HIGH)
    {
      result = -(oldB * 2 - 1);
    }
  }
  oldA = newA;
  oldB = newB;
  return result;
}

int setState()
  {
    if (state == 0)
    {
      setLights(HIGH, LOW, LOW);
```

```
        targetCount = longPeriod;
        state = 1;
      }
      else if (state == 1)
      {
        setLights(HIGH, HIGH, LOW);
        targetCount = shortPeriod;
        state = 2;
      }
      else if (state == 2)
      {
        setLights(LOW, LOW, HIGH);
        targetCount = longPeriod;
        state = 3;
      }
      else if (state == 3)
      {
        setLights(LOW, HIGH, LOW);
        targetCount = shortPeriod;
        state = 0;
      }
    }
  void setLights(int red, int yellow, int green)
  {
    digitalWrite(redPin, red);
    digitalWrite(yellowPin, yellow);
    digitalWrite(greenPin, green);
  }
```

这个Sketch列出了一个有用的技巧，即在对事件定时（将LED点亮几秒钟）的同时检查旋转编码器是否旋转或按钮是否按下。如果我们只使用Arduino延时函数delay延时20s，就要带入参数20000，那么我们就不可能在函数调用期间检查旋转编码器或按钮的状态。

因此，我们的方法是采用一个非常短的延时（1ms），同时用一个计数器，每循环一次计数器就加1。这样，如果需要延时20s，当计数器达到20000时就停止。这种方法的延时时间没有调用单个延时函数精确，因为1ms延时实际是1ms加上循环内部其他事情的处理时间。

项目集成

从Arduino Sketchbook下载项目11的完整Sketch，并下载到主板（参见第1章）。

可以按下旋转编码器按钮测试LED，并且通过旋转编码器改变绿灯和红灯信号的保持时间。

感应光线

光敏电阻即LDR（Light Dependent Resistor），是用来测量光强度的常用简便装置，有时也被称为Photo Resistor（光敏电阻）。

照在LDR表面的光越亮，光敏电阻的阻值就越低。典型LDR的暗电阻高达2MΩ，而在明亮的阳光照射下，电阻大约为20kΩ。

通过采用LDR与固定电阻作为分压器连接到模拟输入电压的一端，就可以将电阻的这种变化转换成电压的变化，其原理图如图5.12所示。

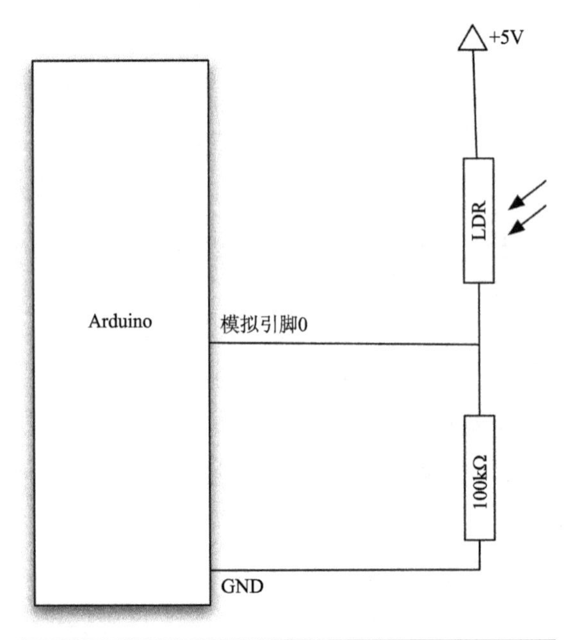

图5.12　采用LDR测量光强度

这里采用的固定电阻是100kΩ，我们可粗略计算出模拟输入电压的大致范围。

在黑暗的环境下，LDR的电阻是20MΩ，因此对于100kΩ的固定电阻，电压比大约为20：1，大部分的电压加在LDR上，这就意味着LDR两端的电压大约为4V，模拟引脚电压大约为1V。

反之，如果LDR处在阳光下，其电阻可能降到20kΩ，电压主要加在固定电阻上，电压比大致为4：1，模拟输入电压大致为4V。

更灵敏的光传感器是光敏晶体管。光敏晶体管的作用就像普通晶体管，只是它的基极通常不用，而它的集电极电流是由照射在光敏晶体管上的光通量来控制的。

项目12——脉搏监测仪

这个项目采用超亮红外（IR）LED和光敏晶体管来探测手指的脉搏，一个红色LED会随着脉搏闪烁。

本项目所使用的元器件及器材见表5.3。

表5.3 元器件及器材

位 号	描 述	附 录
	Arduino Uno 或者Leonardo	m1/m2
D1	5mm 红色 LED	s1
D2	5mm 红外LED，940 nm	s20
R1	56kΩ，0.25W 电阻	r7
R2	270Ω，0.25W 电阻	r3
R4	100Ω，0.25W 电阻	r2
T1	光敏晶体管（与D2波长相同）	s19
	面包板	h1
	面包线	h2

硬 件

脉搏监测仪的工作原理：发光LED在手指的一面，而光敏晶体管在手指的另一面，光敏晶体管用来获取发射的光通量，当血压脉动通过手指时，光敏晶体管的电阻会有微小的变化。

本项目的原理图如图5.13所示，面包板布局如图5.15所示。我们选择了一个阻值非常高的电阻R1，因为通过手指的大部分光被吸收，因此希望光敏晶体管足够灵敏。可以通过实验来选择电阻，以得到最佳的结果。

最重要的是，尽可能屏蔽进入光敏晶体管的杂散光。这一点对于家里的灯光来说特别重要，因为家里的灯光大多是以50Hz或60Hz波动的，因此会给微弱的脉搏信号增加相当大的干扰（电学噪声）。

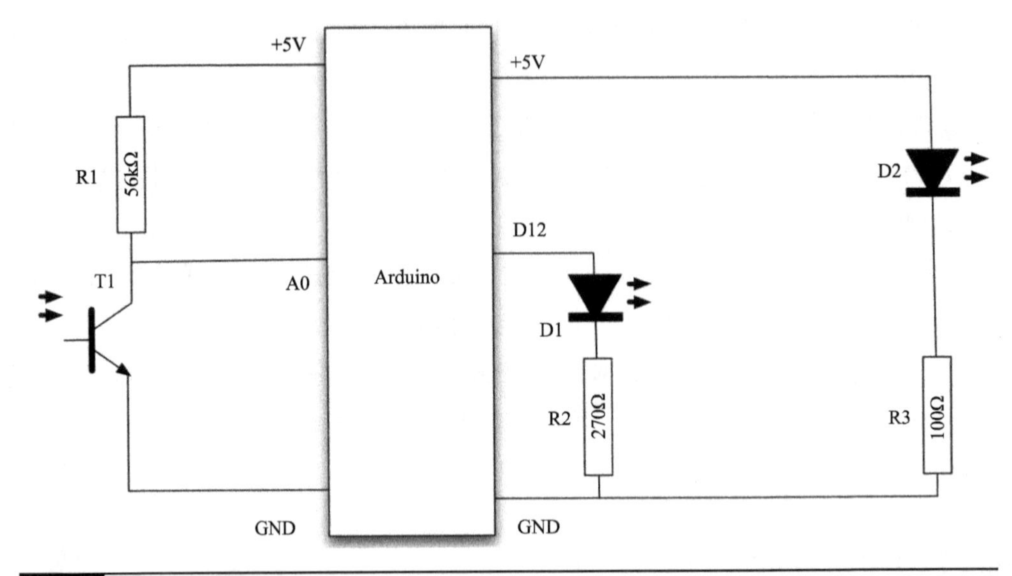

图5.13 项目12的原理图

由于这个原因，光敏晶体管和LED是放置在套管中或用套管固定的瓦楞纸中的，这种结构如图5.14所示。

图5.14 脉搏监测仪的传感器管套

在套管相对的两面钻两个5mm的孔，将LED插入其中一面的孔中，光敏晶体管插入另一面的孔中，将短引线焊接到LED和光敏晶体管上，然后用一层套管将管子、引线等所有元器件固定。在用胶带粘贴前一定要仔细检查带有颜色的导线与LED和光敏晶体管引线是否正确连接。

使用屏蔽线连接光敏晶体管是个非常不错的办法，这样可以减少干扰。同样需要注意的是，对于光敏晶体管而言，其通常类似于IR LED，较长的引脚是阴极，而非阳极。在你使用之前最好检查一下你手头的光敏晶体管的数据手册，以确认引脚的定义。

这个项目（图5.15）的面包板原型非常简单，最后的“指套”如图5.16所示。

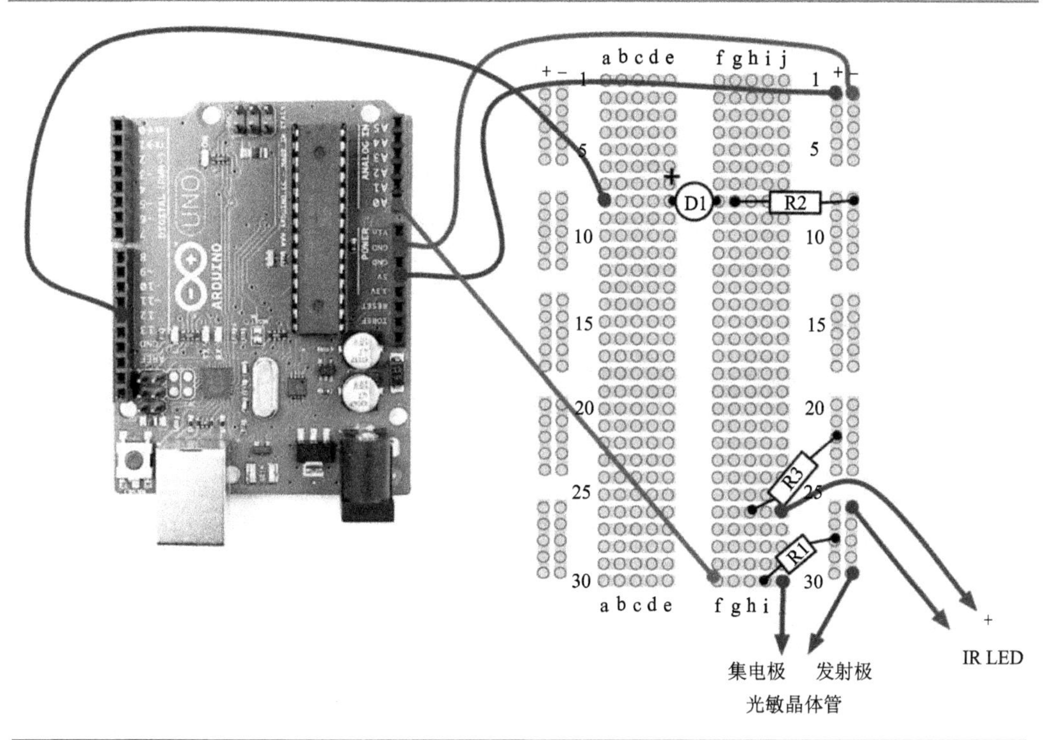

图5.15 项目12的面包板布局图

图5.16 项目12：脉搏监测仪

软　件

这个项目的软件调试是相当复杂的。第一步甚至不是运行整个最终Sketch，而是运行测试Sketch。这个测试Sketch将采集脉搏数据，然后将数据粘贴到电子表格和图表中，以测试数据平滑算法（更多的说明见后）。

测试Sketch如下：

LISTING PROJECT 12-TEST SCRIPT

```
int ledPin = 13;
int sensorPin = A0;

double alpha = 0.75;
int period = 20;
double change = 0.0;

void setup()
{
  pinMode(ledPin, OUTPUT);
  Serial.begin(115200);
}

void loop()
{
    static double oldValue = 0;
    static double oldChange = 0;
    int rawValue = analogRead(sensorPin);
    double value = alpha * oldValue + (1 - alpha) * rawValue;

    Serial.print(rawValue);
    Serial.print( “,” );
    Serial.println(value);

    oldValue = value;
    delay(period);
}
```

这个Sketch从模拟输入引脚读取原始数据并进行平滑处理，然后将这些原始数据和平滑后的数据写到Serial Monitor。通过Serial Monitor可以获取这两组数据，并且将它们粘贴到电子表格，以进一步分析。注意，Serial Monitor的通信速率设置为最高，以减小传输数据带来的延迟影响。打开Serial Monitor时，需要将串行通信速率调到115200。

平滑功能采用了一种称为“leaky integration”的方法。可以通过代码了解这种方法，我们用如下代码完成这种平滑：

```
double value = alpha * oldValue + (1 - alpha) * rawValue;
```

变量alpha是大于0、小于1的数，其大小决定了数据平滑的程度。

把手指放入传感器管套，打开Serial Monitor，让Sketch运行三四秒，这样可以采集到几次脉搏跳动。

然后，将采集数据的文本粘贴到电子表格中。此时可能需要采用列分隔符，即逗号。平滑后的最终数据和原始数据显示为图5.17所示的电子表格的两列。

从模拟端口获取的原始数据表现为更加波动的曲线，而平滑后的曲线明显地已经去除了大部分的噪声。如果平滑后的曲线显示出明显的噪声，特别是虚假峰值会干扰监测，这时可以通过减小alpha值来增加平滑程度。

一旦为传感器装置找到合适的alpha值，就可以把这个值传输到实际Sketch中，并且切换到实际Sketch，而不是测试Sketch。实际Sketch如下所示：

LISTING PROJECT 12

```
int ledPin = 12;
int sensorPin = 0;

double alpha = 0.75;
int period = 20;
double change = 0.0;

void setup()
{
  pinMode(ledPin, OUTPUT);
}
```

```
void loop()
{
  static double oldValue = 0;
  static double oldChange = 0;
  int rawValue = analogRead(sensorPin);
  double value = alpha * oldValue + (1 - alpha) * rawValue;
  change = value - oldValue;

  digitalWrite(ledPin, (change < 0.0 && oldChange > 0.0));

  oldValue = value;
  oldChange = change;
  delay(period);
}
```

现在唯一的问题就是检测峰值。从图5.17可以看出，如果持续跟踪前面读取的数据，会发现数据是逐渐增加的，直到出现反向变化，即向着逐渐减小的方向变化。因此，如果每当前面的数据向正方向变化而新的数据向负方向变化时点亮LED，就会从LED每个脉冲峰值处得到一个短脉冲。

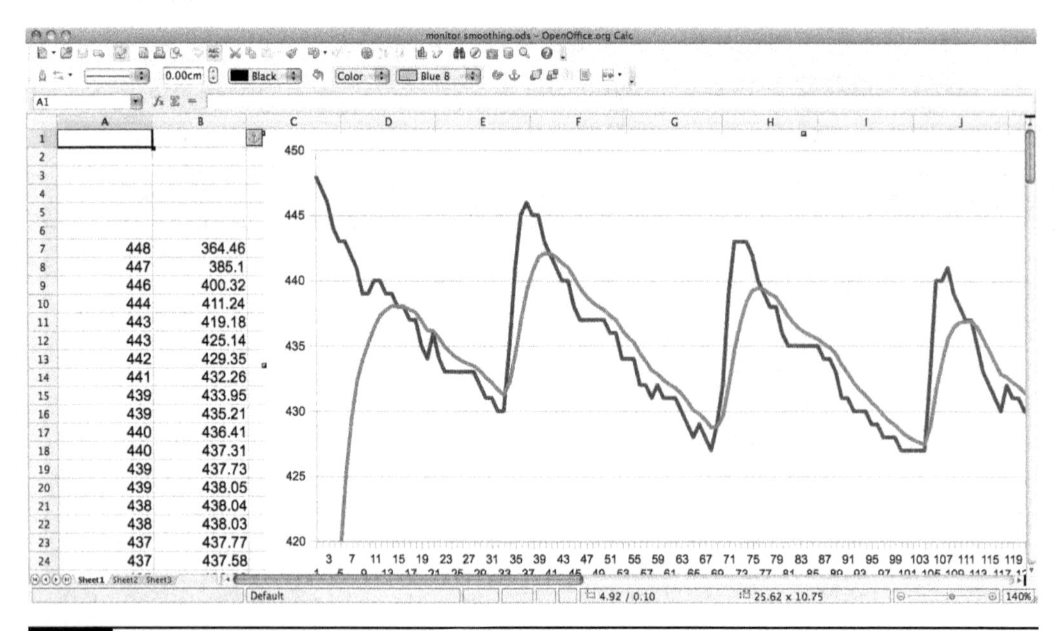

图5.17　粘贴到电子表格中的脉搏监测仪的测试数据

项目集成

项目12的测试程序和实际程序都在Arduino Sketchbook中，按照安装指南将其下载到板子上（参见第1章）。

正如前面提到的，要使这个项目工作起来有一定难度。你可能会发现，必须把手指放在正好合适的位置才会开始产生脉冲。如果有任何问题，按照前面的描述运行测试程序，核实探测器是否有脉冲，并且平滑因子alpha是否足够低。

作者声明：这个装置不适合用于任何实际的医学应用。

温度测量

温度测量类似于光强度的测量。这里用热敏电阻替代光敏电阻LDR。当温度升高时，热敏电阻的阻值也同样增加。

购买热敏电阻时，会有一个标称电阻。在这个例子中，选择的热敏电阻是33kΩ，这个电阻值是器件在25℃时的电阻值。

计算特定温度时的电阻值的公式为

$$R=R0\times\exp[-\beta/(T+273)-\beta/(T0+273)]$$

如果愿意，可以自己对这个公式展开计算，不过还有一种更加简单的方法——使用现成的温度测量芯片，如TMP36等。这种带3个引脚的设备有两个引脚用于供电，而第3个引脚则用于输出温度信号，其输出的温度单位为摄氏度，而输出信号电压和温度的关系为

$$T=(V-0.5)\times 100$$

所以，如果输出的电压是1V，那么温度则为50℃。

项目13——USB温度记录仪

这个项目由计算机来控制，但是一旦设定记录指令，就可以脱离计算机，在记录过程中可以利用电池独立运行。数据在记录过程中存储起来，并且当记录仪重新连接到计算机时，它会将存储的数据通过USB连接传回计算机的电子表格。

默认情况下，记录仪每隔5分钟记录一个采样值，最多能记录1000个采样值。

为了从计算机给记录仪发送指令，我们还需要定义一些可以从计算机发出的命令。这些命令见表5.4。

该项目只需要一个TMP36，见表5.5。

表5.4 温度记录仪命令

R	以CSV格式读出记录仪的数据
X	清除记录仪的所有数据
C	摄氏温标模式
F	华氏温标模式
1~9	设置采样周期1 ~ 9min
G	开始记录温度
?	报告设备状态、已采样个数等

表5.5 元器件及器材

位 号	描 述	附 录
	Arduino Uno 或Leonardo	m1/m2
IC1	TMP 36	s22

硬 件

项目13的原理图如图5.18所示。

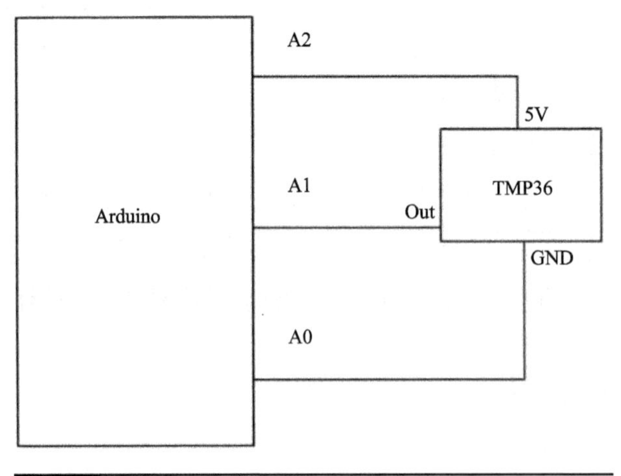

图5.18 项目13的原理图

这个项目非常简单，我们只需要简单地将TMP36的引脚插入Arduino 主板的引脚，如图5.19所示。注意，TMP36曲面需要朝向板子外侧。在插入前使用老虎钳将TMP36的引脚稍微扭曲一下，这将有助于其和Arduino主板更好地接触。

我们将会使用模拟引脚（A0和A2）作为TMP36 的GND和5V的引脚。TMP36只会消耗非常小的电流，所以当我们将模拟引脚设置为HIGH和LOW的时候，这两

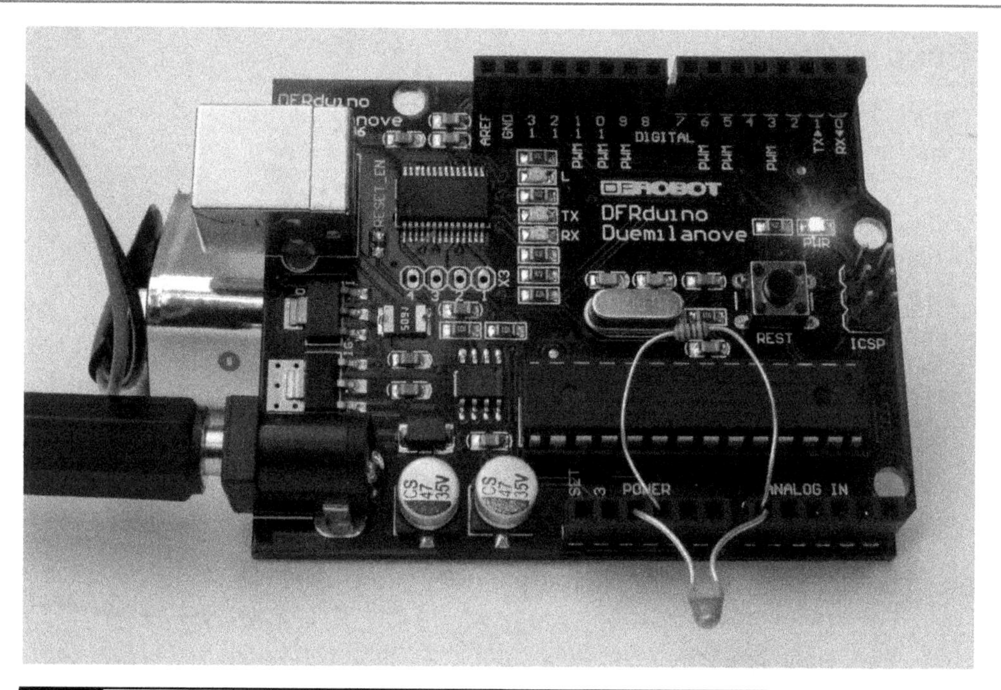

图5.19 项目13：温度记录仪

个引脚足以承受对应的电流强度。

软　件

这个项目的软件比其他项目要复杂一些（参见项目Sketch）。到目前为止，一旦Arduino主板复位或者关断电源，Sketch中使用的所有变量都会丢失。有时候我们希望数据能够永久存储，这样当主板下一次开始工作时，变量就不会丢失。利用Arduino主板上称为EEPROM的特殊存储器可以做到这点，EEPROM是电可擦除可编程只读存储器。Arduino Duemilanove主板上有1KB的EEPROM。

为使得EEPROM能够可靠地记录数据，我们需要确保知道当前EEPROM的占用情况，即便是它已经掉电，我们还是需要保存住数据记录的占用位置信息。

这是第一个采用Arduino主板EEPROM存储数据的项目，即使主板复位或断开电源后这些数据也不会丢失。这就意味着，一旦我们将数据设置成存储记录方式，就可以将主板与USB连接断开，主板就可以依靠电池运行。甚至即使电池坏了，在下次接通电源时数据仍然存在。

LISTING PROJECT 13

```
// Project 13 - Temperature Logger
#include <EEPROM.h>

#define analogPin 1
#define gndPin A0
#define plusPin A2
#define maxReadings 1000

int lastReading = 0;

boolean loggingOn;
//long period = 300;
long period = 10000; // 10 seconds
long lastLoggingTime = 0;
char mode = 'C';

void setup()
{
  pinMode(gndPin, OUTPUT);
  pinMode(plusPin, OUTPUT);
  digitalWrite(gndPin, LOW);
  digitalWrite(plusPin, HIGH);

  Serial.begin(9600);
  Serial.println("Ready");

  lastReading = EEPROM.read(0);    // First byte is reading position
  char sampleCh = (char)EEPROM.read(1);
                             // Second is logging period '0' to '9'
  if (sampleCh > '0' && sampleCh <= '9')
  {
    setPeriod(sampleCh);
  }
  loggingOn = true;          // start logging on turn on
}
```

```
void loop()
{
  if (Serial.available())
  {
    char ch = Serial.read();
    if (ch == 'r' || ch == 'R')
    {
      sendBackdata();
    }
    else if (ch == 'x' || ch == 'X')
    {
      lastReading = 0;
      EEPROM.write(0, 0);
      Serial.println("Data cleared");
    }
    else if (ch == 'g' || ch == 'G')
    {
      loggingOn = true;
      Serial.println("Logging started");
    }
    else if (ch > '0' && ch <= '9')
    {
      setPeriod(ch);
    }
    else if (ch == 'c' or ch == 'C')
    {
      Serial.println("Mode set to deg C");
      mode = 'C';
    }
    else if (ch == 'f' or ch == 'F')
    {
      Serial.println("Mode set to deg F");
      mode = 'F';
    }
    else if (ch == '?')
    {
      reportStatus();
```

```
    }
  }
  long now = millis();
  if (loggingOn && (now > lastLoggingTime + period))
  {
    logReading();
    lastLoggingTime = now;
  }
}

void sendBackdata()
{
  loggingOn = false;
  Serial.println("Logging stopped");
  Serial.println("------ cut here ------");
  Serial.print("Time (min)\tTemp (");
  Serial.print(mode);
  Serial.println(")");
  for (int i = 0; i < lastReading + 2; i++)
  {
      Serial.print((period * i) / 60000);
      Serial.print("\t");
      float temp = getReading(i);
      if (mode == 'F')
      {
        temp = (temp * 9) / 5 + 32;
      }
      Serial.println(temp);
  }
  Serial.println( "------ cut here ------");
}

void setPeriod(char ch)
{
  EEPROM.write(1, ch);
  long periodMins = ch - '0';
  Serial.print("Sample period set to: ");
```

```
  Serial.print(periodMins);
  Serial.println(" mins");
  period = periodMins * 60000;
}

void logReading()
{
  if (lastReading < maxReadings)
  {
    storeReading(measureTemp(), lastReading);
    lastReading++;
  }
  else
  {
    Serial.println("Full! logging stopped");
    loggingOn = false;
  }
}

float measureTemp()
{
  int a = analogRead(analogPin);
  float volts = a / 205.0;
  float temp = (volts - 0.5) * 100;
  return temp;
}

void storeReading(float reading, int index)
{
  EEPROM.write(0, (byte)index); // store the number of samples
  in byte 0
  byte compressedReading = (byte)((reading + 20.0) * 4);
  EEPROM.write(index + 2, compressedReading);
  reportStatus();
}

float getReading(int index)
```

```
{
  lastReading = EEPROM.read(0);
  byte compressedReading = EEPROM.read(index + 2);
  float uncompressesReading = (compressedReading / 4.0) - 20.0;
  return uncompressesReading;
}

void reportStatus()
{
  Serial.println("----------------");
  Serial.println("Status");
  Serial.print("Current Temp C");
  Serial.println(measureTemp());
  Serial.print("Sample period (s)\t");
  Serial.println(period / 1000);
  Serial.print("Num readings\t");
  Serial.println(lastReading);
  Serial.print("Mode degrees\t");
  Serial.println(mode);
  Serial.println("----------------");
}
```

你会注意到，这个Sketch中采用#define命令定义后面要使用的变量。这实际上是一种定义常量的非常有效的方式。常量在Sketch运行期间数值不变，这种方式对引脚的设置、类似beta的常量设置都是非常有效的。命令#define称为预处理指令，即在Sketch编译之前出现，在Sketch中任何出现变量名的地方都由变量值替代。在Sketch设计中采用#define还是采用变量由个人喜好决定。

幸运的是，每次只需要读写EEPROM一个字节。因此，如果需要写入一个字节或一个字符变量，只需要调用EEPROM.write函数和EEPROM.read函数。这里给出一个例子：

```
char letterToWrite = 'A';
EEPROM.write(0, myLetter);

char LetterToRead;
letterToRead = EEPROM.read(0);
```

read和write中的参数0是EEPROM中使用的地址，这个地址可以是0～1023的任何一个数，每个地址就是一个直接存储的位置。

在这个项目中，我们希望存储上一次读数的位置（在lastReading 变量中）和所有的读数，因此，在EEPROM的第一个字节处存放lastReading，而实际读入的256个字节数据依次存放在后面的单元。

每个温度读数都是以浮点数保存的，第2章中曾介绍过浮点数占用4个字节。在这里，我们有两种选择：可以存储4个字节，也可以找到一种方式将温度值编码为一个字节。我们决定采用后一种方式，因为这很容易实现。

将温度编码成单个字节的方法是基于对测量温度的某种假设。第一，我们假设任何温度都为–20～+40℃，任何高于或低于这个区间的温度都可能会对Arduino主板造成危险；第二，假设我们只需要知道最接近温度值的温度。

基于这两个假设，我们可以将模拟输出的任何温度值加上20，再乘以4，并且保证计算结果仍然为0～240。因为一个字节能够表示0～255的任何数，而计算结果与一个字节表示的数值范围已经很接近了。

当我们从EEPROM中读取计算结果时，还需要将其转换成浮点数。这可以通过相反的运算来完成，即读出结果除以4，再减去20。

数值的编码和解码都封装在函数storeReading和getReading中，因此，如果决定采用另外一种方法来存储数据，就只需要改变这两个函数。

项目集成

从Arduino Sketchbook下载项目13的完整Sketch，并下载到主板（参见第1章）。

现在打开Serial Monitor（图5.20）。为了测试，我们将对温度记录仪进行设置。在Serial Monitor上键入“1”，则温度记录仪设置为每分钟记录一次。板子应该响应这个设置并显示“Sampling period set to: 1mins.”。如果我们想将温度单位改为华氏度，只需要在Serial Monitor上键入“F”。现在我们可以通过键入“？”来检查记录仪的状态（图5.21）。

如果拔下USB线，那就需要一个替代电源。例如，在项目6制作过程中用过的电池。如果希望在断开USB连接时，记录仪仍然能够对数据进行记录，就需要在断开USB线的同时插入这个电池，让它为电路供电。

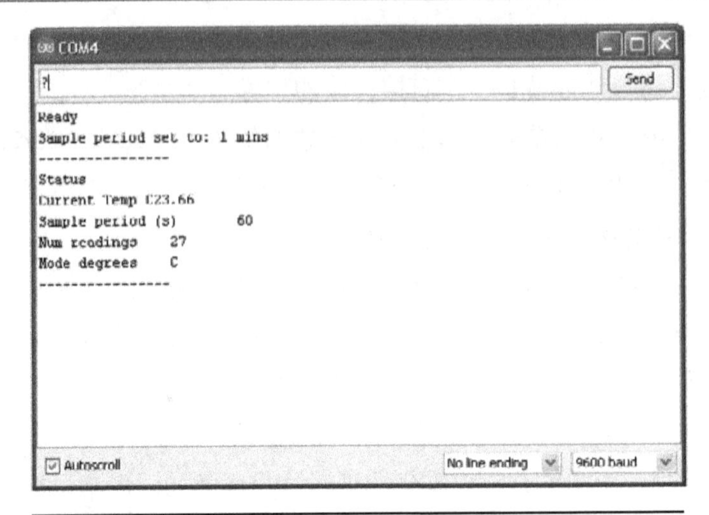

图5.20 通过Serial Monitor发送命令

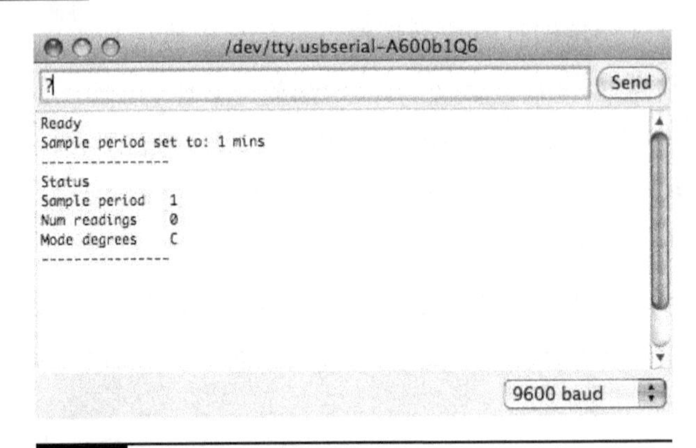

图5.21 显示温度记录仪的状态

最后，我们可以在串行监视器上键入“G”命令开始记录温度。然后可以拔下USB线，并且让记录仪依靠电池继续工作。在10～15min后，可以插入USB线，打开Serial Monitor并键入“R”命令，我们就可以看到采集的温度值，这些采集结果显示在图5.22中。选中所有的数据，包括顶部的时间和温度标题。

将选中的文本拷贝到剪贴板（对于Windows系统和Linux系统，按下Ctrl+C；对于Mac系统按下Alt+C）。打开电子表格，如Microsoft Excel，然后将拷贝内容粘贴到新的电子表格中（图5.23）。

一旦有了电子表格数据，我们还可以利用获取的数据进一步画出温度变化图。

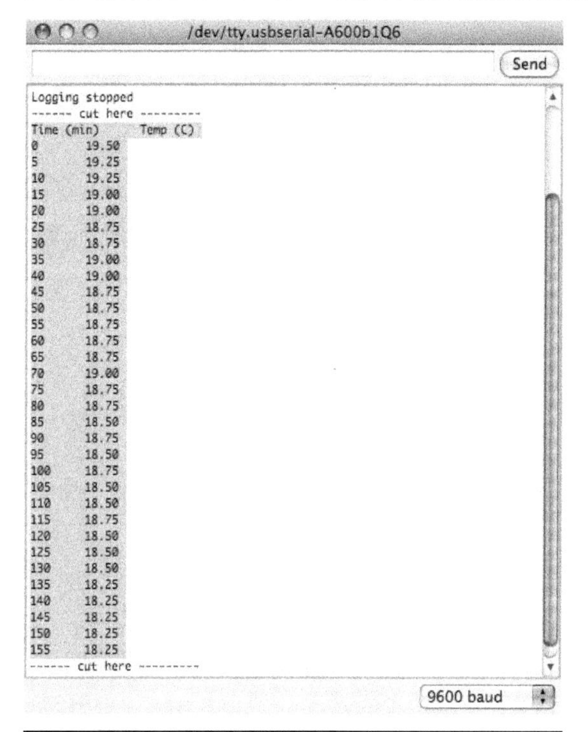

图5.22 拷贝并粘贴到电子表格中的数据

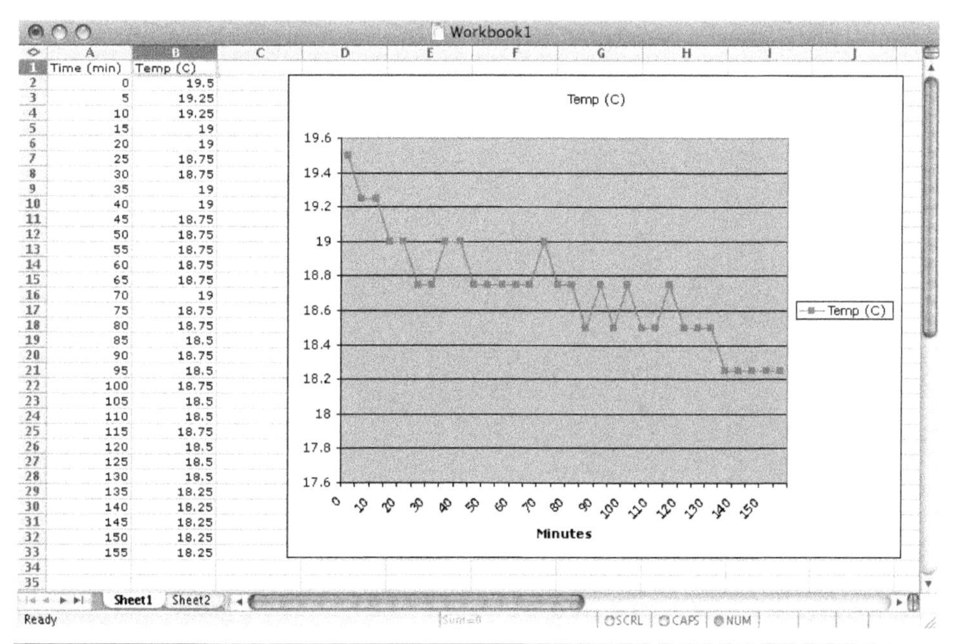

图5.23 导入电子表格的文本数据

小 结

现在我们已经知道如何在处理各类传感器和输入设备时利用已有的LED知识。在后续章节中我们会看到几个项目，它们都是以各种方式利用LED，并且采用了一些更先进的显示技术，如LCD字符屏和七段LED数码管。

第6章 发光和显示项目

在这一章，我们将会学习更多基于发光和显示的项目，特别是学习如何使用多色LED、七段数码管、LED点阵显示器以及LCD模块。

项目14——多色发光显示

该项目使用高亮三色LED数码管以及旋转编码器，转动旋转编码器可改变LED显示的颜色。

这个LED指示灯是很有趣的，因为在4个引脚的封装中有3个LED灯芯。该指示灯有一个公共阳极，即3个LED的正极都从一个引脚引出（引脚2）。

如果没有4个引脚的三色（红、绿、蓝）LED器件，也可以用6个引脚的器件来代替，只要简单地将每个LED阳极连接在一起即可，可参见器件手册。

硬　件

图6.1是项目14的原理图，图6.2是面包板布局图。

每个LED接有一个串联电阻，将LED的电流限制在30mA左右。

LED的圆形封装有一条略直的边，引脚1最靠近这个边。判别引脚的另一种方法是引脚的长度，引脚2为公共阳极，是最长的引脚。

项目14的完整接线如图6.3所示。每个三色LED都由Arduino主板输出的PWM驱动，因此通过改变每个LED的输出，可以产生可见光的全光谱色彩。

我们可以按照项目11的方法来连接旋转编码器，转动编码器来改变LED颜色，按下编码器的按钮来接通或关断LED。

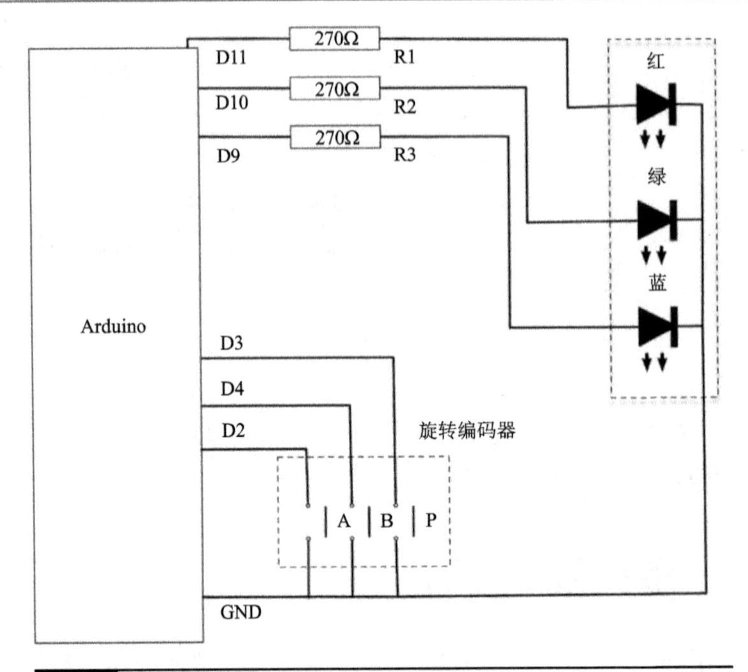

图6.1　项目14的原理图

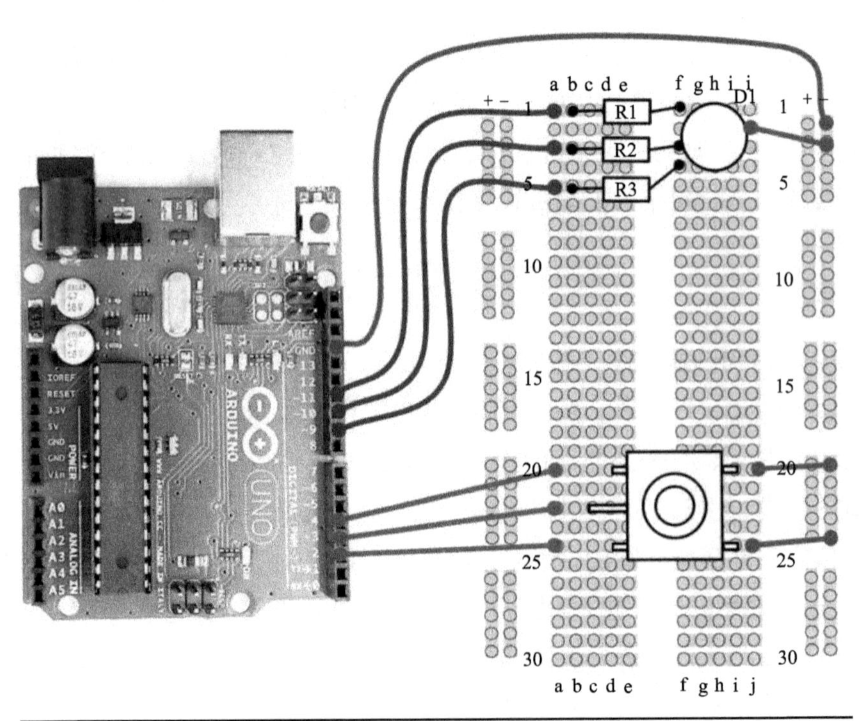

图6.2　项目14的面包板布局图

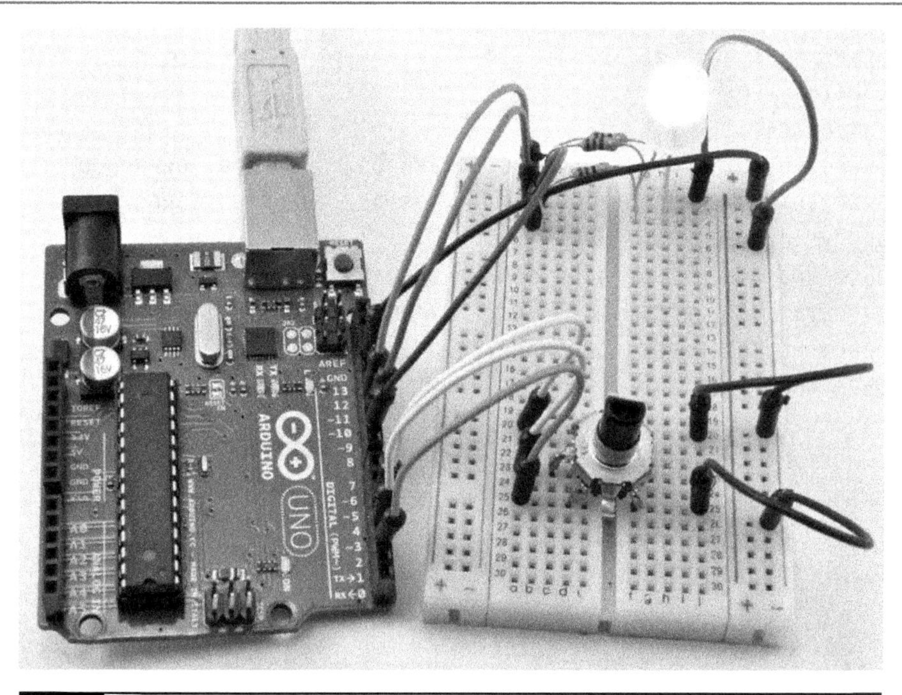

图6.3 项目14：多色发光显示器

软　件

本项目的Sketch使用数组来表示LED显示的不同颜色，该数组中的每一个元素都是一个32位长整数，长整数中的3个字节用于表示色彩中的红、绿、蓝分量，它们对应于每一个红、绿、蓝LED点亮的亮度。数组中的数字用16进制数来显示，并且对应于网页中24位彩色的16进制数据格式。如果你想尝试增加一种特殊颜色，可以在搜索引擎中通过键入“web color chart”为自己寻找一个网络彩色图表，然后查找想要颜色的16进制数值。

LISTING PROJECT 14

```
int redPin = 9;
int greenPin = 10;
int bluePin = 11;
int aPin = 2;
int bPin = 4;
int buttonPin = 3;
```

```
boolean isOn = true;
int color = 0;
long colors[48]= {
  0xFF2000, 0xFF4000, 0xFF6000, 0xFF8000, 0xFFA000, 0xFFC000,
  0xFFE000, 0xFFFF00, 0xE0FF00, 0xC0FF00, 0xA0FF00, 0x80FF00,
  0x60FF00, 0x40FF00,
  0x20FF00, 0x00FF00, 0x00FF20, 0x00FF40, 0x00FF60, 0x00FF80,
  0x00FFA0, 0x00FFC0,
  0x00FFE0, 0x00FFFF, 0x00E0FF, 0x00C0FF, 0x00A0FF, 0x0080FF,
  0x0060FF, 0x0040FF,
  0x0020FF, 0x0000FF, 0x2000FF, 0x4000FF, 0x6000FF, 0x8000FF,
  0xA000FF, 0xC000FF,
  0xE000FF, 0xFF00FF, 0xFF00E0, 0xFF00C0, 0xFF00A0, 0xFF0080,
  0xFF0060, 0xFF0040,
  0xFF0020, 0xFF0000
};

void setup()
{
  pinMode(aPin, INPUT);
  pinMode(bPin, INPUT_PULL UP);
  pinMode(buttonPin, INPUT_PULL UP);
  pinMode(redPin, OUTPUT);
  pinMode(greenPin, OUTPUT);
  pinMode(bluePin, OUTPUT);
}

void loop()
{
  if (digitalRead(buttonPin) == LOW)
  {
    isOn = ! isOn;
    delay(200); // de-bounce
  }
  if (isOn)
  {
    int change = getEncoderTurn();
    color = color + change;
```

```
    if (color < 0)
    {
      color = 47;
    }
    else if (color > 47)
    {
      color = 0;
    }
    setColor(colors[color]);
  }
  else
  {
  setColor(0);
  }
}

int getEncoderTurn()
{
  // return -1, 0, or +1
  static int oldA = LOW;
  static int oldB = LOW;
  int result = 0;
  int newA = digitalRead(aPin);
  int newB = digitalRead(bPin);
  if (newA != oldA || newB != oldB)
  {
    // something has changed
    if (oldA == LOW && newA == HIGH)
    {
      result = -(oldB * 2 - 1);
    }
  }
  oldA = newA;
  oldB = newB;
  return result;
}
void setColor(long rgb)
```

```
{
  int red = rgb >> 16;
  int green = (rgb >> 8) & 0xFF;
  int blue = rgb & 0xFF;
  analogWrite(redPin, red);
  analogWrite(greenPin, green);
  analogWrite(bluePin, blue);
}
```

数组中的48种颜色正好是从这样一个表格中选出的，并且大致覆盖了从红色到紫色的光谱颜色范围。

项目集成

从Arduino Sketchbook下载项目14的完整Sketch，并且下载到Arduino主板上（参见第1章）。

七段LED数码管

LED手表曾经非常时尚，只要佩戴者按一下手表按钮，时间就会魔幻般地以4个明亮的红色数字呈现出来。后来，使用按钮来显示时间的不便使得LED数字手表的新奇性大打折扣，LCD手表取而代之。LCD手表只能在明亮的阳光下才能看清读数。

七段LED数码管（图6.4）在很大的程度上已经由LCD代替（参见本章后面），但是有时还会使用，它们也能使设计更具创客的风格。

图6.5显示了驱动单个七段数码管的电路。

单个七段数码管不常使用，多数设计需要两位或4位数码显示。对于这种情况，我们没有足够多的数字输出引脚来单独驱动每个数码管，所以采用图6.6所示的设计方法。

就像键盘扫描一样，我们轮流选通每一位显示器，并且在移动到下一位数字之前设置LED字段。快速地轮流选通每一位显示器，可以产生每一位显示器都被点亮的效果。

图6.4 七段数码管

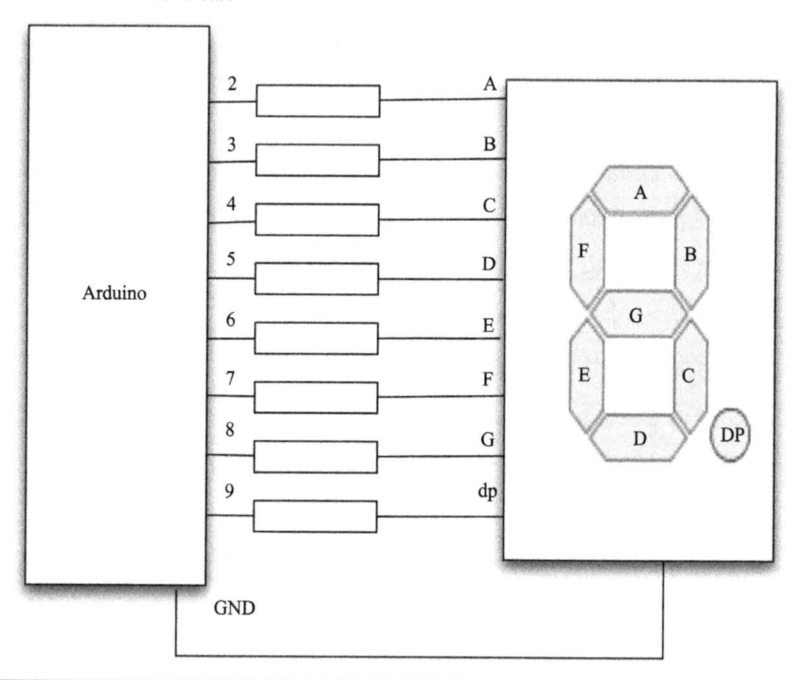

图6.5 驱动七段数码管的Arduino主板

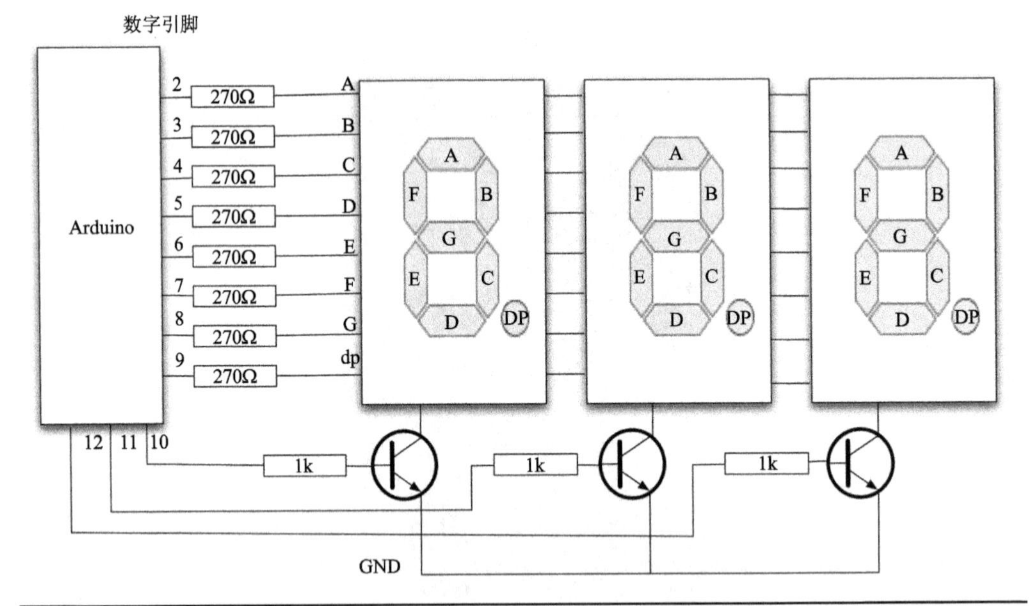

图6.6 驱动多个七段数码管的Arduino主板

每一位显示器都可能需要同时提供八段LED的电流，这些电流之和约为160mA（每一段LED为20mA）——大大高于数字输出引脚的输出电流值。由于上述原因，我们用晶体管使每一个LED依次显示，晶体管由数字输出来控制通断。

我们使用的晶体管叫作双极型晶体管，这种晶体管有3个引脚：发射极、基极和集电极。当电流流过晶体管的基极并且从发射极流出时，它允许从晶体管的集电极到发射极流过更大的电流。我们在项目4中已经介绍过这种类型的晶体管，当时用这种晶体管控制流过大功率Luxeon LED的电流。

我们不需要对流经集电极和发射极的电流进行限流，因为通过串联在LED数码管上的电阻已经进行了限流。然而，我们需要对流入基极的电流进行限流。大多数晶体管能将电流放大100倍或者更多，而为了使晶体管完全导通，我们只允许大约2mA的电流流入基极。

晶体管在正常使用情况下有一个有趣的特征，即不论基极流过多大的电流，基极与发射极之间的电压都近似0.6V。因此如果我们的Arduino主板引脚提供5V电压，加在基极与发射极两端的电压为0.6V，这意味着电阻阻值可以按如下计算：

$$R=V/I$$

$$=(4.4V)/(2mA)=2.2k\Omega$$

事实上，如果我们允许4mA电流流过基极是正好的，因为Arduino主板的数字输出端可以提供约40mA的电流，因此选择1kΩ的标准电阻值，可以确保晶体管像开关一样工作，并且始终处于完全导通或者完全截止的状态。

项目15——七段LED数码管双骰子

在项目9中我们用7个分立的LED制作了单骰子，在本项目中我们将使用两个七段数码管制作一个双骰子。

本项目所使用的元器件及器材见表6.1。

表6.1 元器件及器材

位 号	描 述	附 录
	Arduino Uno 或 Leonardo	m1/m2
D1	两位，七段数码管(共阳极)	s8
R3~R10	100Ω，0.5W金属膜电阻	r2
R1, R2	1kΩ，0.25W 金属膜电阻	r5
T1, T2	2N2222 晶体管	s14
S1	轻触开关	h3
	面包板	h1
	面包线	h2

硬 件

本项目的原理图如图6.7所示。

本项目采用的七段LED数码管模块是共阳极的，即七段LED数码管的所有阳极（正极）连接在一起。为了使每个LED数码管轮流选通，我们必须控制正电源轮流为两个公共阳极提供电源电压。

为了达到这个目的，我们使用了晶体管，不过由于我们需要控制阳极电流，每个晶体管的集电极直接连接到了5V，而发射极连接到了模块的共阳极上。

我们使用了若干个100Ω电阻来限制电流。由于每个引脚导通的时间为全程时长的一半，因此就平均时间来说，LED也只会通过一半的电流强度。

面包板的连接布局和项目的照片如图6.8和图6.9所示。

注 意 不要让任何电阻的引脚之间相互接触，因为这可能会导致电路短路，并最终造成Arduino输出引脚损坏。

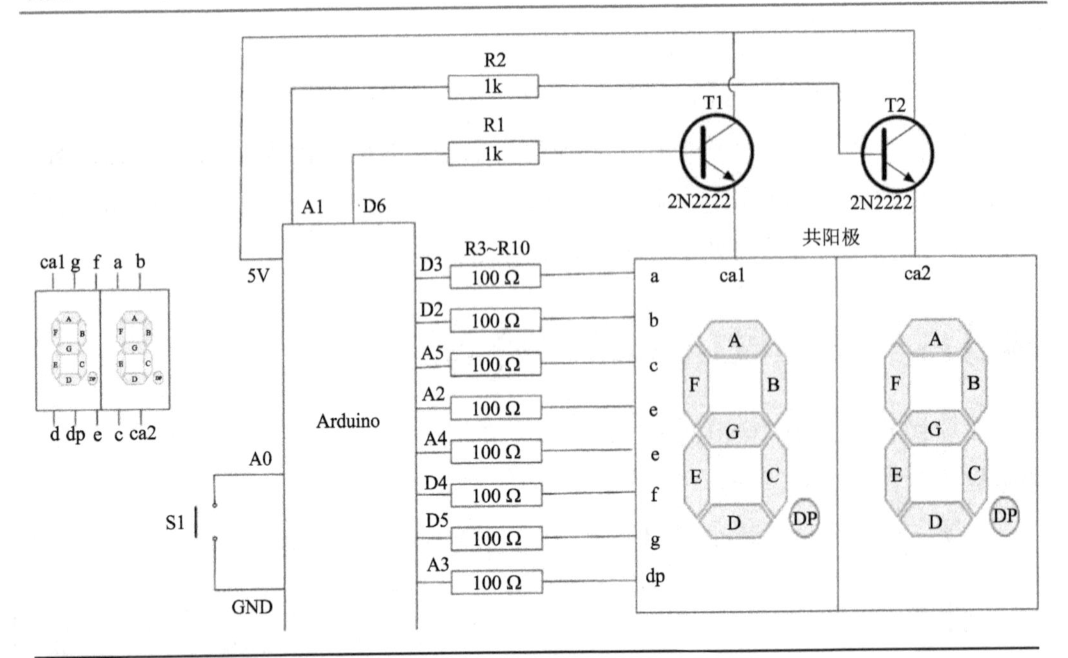

图6.7 项目15的原理图

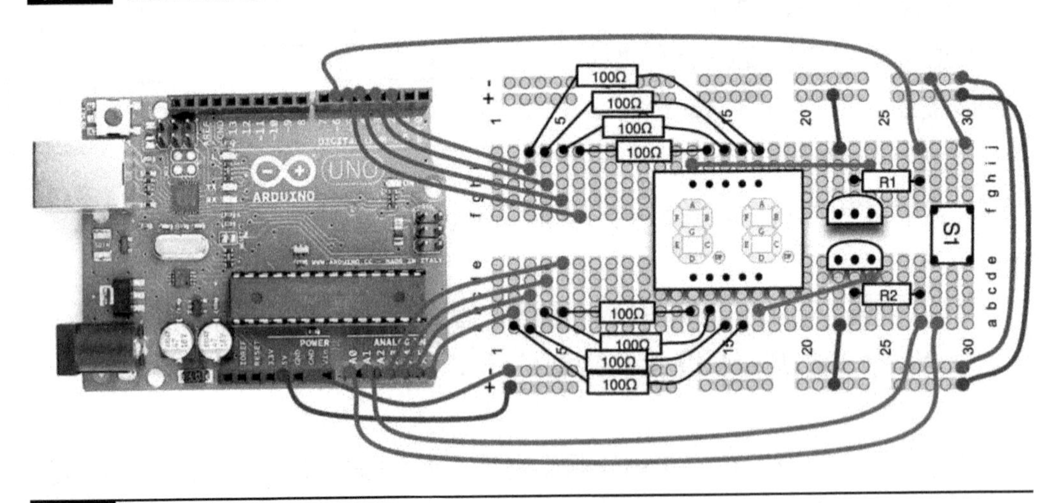

图6.8 项目15的面包板布局图

软 件

我们使用数组来存放连接到a ~ g段以及小数点的引脚，为了显示任何特定的数字，也用数组来确定哪一段将被点亮。这是一个两维数组，数组的每一行代表一个数字（0 ~ 9），每一列代表 a ~ g段及小数点的段码（见项目Sketch）。

图6.9 两位七段LED模块

LISTING PROJECT 15

```
int segmentPins[] = {3, 2, A5, A2, A4, 4, 5, A3};
int displayPins[] = {A1, 6};


int buttonPin = A0;


byte digits[10][8] = {
// a b c d e f g .
  { 1, 1, 1, 1, 1, 1, 0, 0}, // 0
  { 0, 1, 1, 0, 0, 0, 0, 0}, // 1
  { 1, 1, 0, 1, 1, 0, 1, 0}, // 2
  { 1, 1, 1, 1, 0, 0, 1, 0}, // 3
  { 0, 1, 1, 0, 0, 1, 1, 0}, // 4
  { 1, 0, 1, 1, 0, 1, 1, 0}, // 5
  { 1, 0, 1, 1, 1, 1, 1, 0}, // 6
  { 1, 1, 1, 0, 0, 0, 0, 0}, // 7
  { 1, 1, 1, 1, 1, 1, 1, 0}, // 8
  { 1, 1, 1, 1, 0, 1, 1, 0} // 9
```

```
};

void setup()
{
  for (int i=0; i < 8; i++)
  {
    pinMode(segmentPins[i], OUTPUT);
  }
    pinMode(displayPins[0], OUTPUT);
    pinMode(displayPins[0], OUTPUT);
    pinMode(buttonPin, INPUT_PULLUP);
}

void loop()
{
  static int dice1;
  static int dice2;
  if (digitalRead(buttonPin) == LOW)
  {
    dice1 = random(1,7);
    dice2 = random(1,7);
  }

  updateDisplay(dice1, dice2);
}

void updateDisplay(int value1, int value2)
{
  digitalWrite(displayPins[0], HIGH);
  digitalWrite(displayPins[1], LOW);
  setSegments(value1);
  delay(5);
  digitalWrite(displayPins[0], LOW);
  digitalWrite(displayPins[1], HIGH);
  setSegments(value2);
  delay(5);
}
void setSegments(int n)
```

```
{
  for (int i=0; i < 8; i++)
  {
    digitalWrite(segmentPins[i], ! digits[n][i]);
  }
}
```

为了驱动两个LED数码管，我们必须让两个数码管轮流导通，同时适当地点亮数码管的字段。因此loop函数必须将每一个数码管的段码值保存在各自的变量dice1和dice2中。

为了投掷这个骰子，我们使用了随机函数。一旦按下按键，随机函数就为dice1和dice2设置新的数值。这意味着投掷骰子也取决于按键按下时间的长短，因此不必担心生成一个随机数发生器。

项目集成

从Arduino Sketchbook下载项目15的完整Sketch，并且下载到Arduino主板上（参见第1章）。

项目16——LED阵列

对于创客来说，LED阵列是非常有用的元器件之一，它们由LED点阵组成（本项目中LED点阵为8行×8列）。这类器件在每个位置可以只有单个LED器件。然而，在后面要使用的器件中，每个LED实际上是一对LED，其中一个是红色，另一个是绿色。这对LED放置在单个透镜下，所以呈现出一个发光点。于是我们可以点亮其中任意一个LED或者同时点亮两个LED，从而发出红色、绿色或者橙色的光。

图6.10所示为项目16的实物照片。

本项目使用一个LED阵列进行彩色图形的显示。

随着项目的进行，本项目包含了更多元器件（表6.2），并且要用到Arduino主板上几乎所有的引脚。

表6.2　元器件及器材

描　述	附　录
Arduino Uno 或Leonardo	m1/m2
8×8 双色LED 阵列（I²C总线型）	m5
面包板	h1
面包线	h2

图6.10 项目16：LED点阵显示器

硬　件

图6.11显示了项目16所用到的模块，这个模块是一个套件。它非常容易装配，你可以在Adafruit 网站中找到它。当然，你需要做少量的焊接工作。

图6.11 Adafruit 双色LED阵列模块套件

在焊接的时候，最重要的工作就是确定好LED模块的方向。一旦完成了焊接工作，再进行拆焊将会非常麻烦。

图6.12展示了项目的原理图。这个模块使用了非常典型的I^2C总线（读作“I to C”）。这种应用仅仅使用了两线。在Leonardo主板上，引脚标记为SDA和SCL；而在Uno主板上，它们并未标记出来。就主板的差异而言，在Leonardo上，上述两个引脚只能用于I^2C通讯；而在Uno上面，它们同时还是A4和A5引脚。也就是说，在Uno主板上，当你使用I^2C进行通信时，你就不能使用A4和A5引脚来进行模拟读取工作。

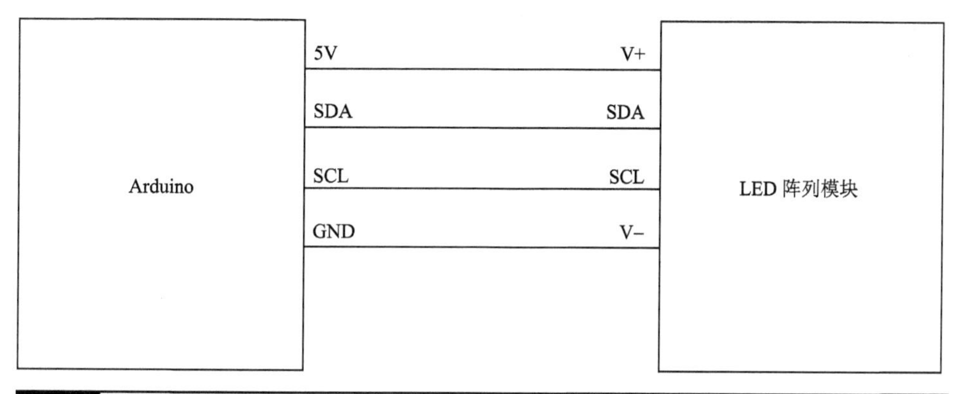

图6.12 项目16的原理图

如果你使用的Arduino主板是比较老的版本，没有SDA和SCL引脚，那么你可以使用A4和A5引脚进行替代。

如图6.13所示，面包板上面的连接非常简单明了。

软　件

要使得这个LED模块正常工作，我们需要安装两个库函数。它们都可以在Adafruit网站下载（*http://learn.adafruit.com/adafruit-led-backpack/bi-color-8x8-matrix*），安装这些库函数的方法和第10章中安装键盘所用到的库函数的方法一致。

在Adafruit网站上下载对应的库函数时，查找ZIP格式的下载包，这样就可以一次性将整个库函数下载下来。

ZIP包中包含两个文件夹：

■ *Adafruit-LED-Backpack-Library-master*

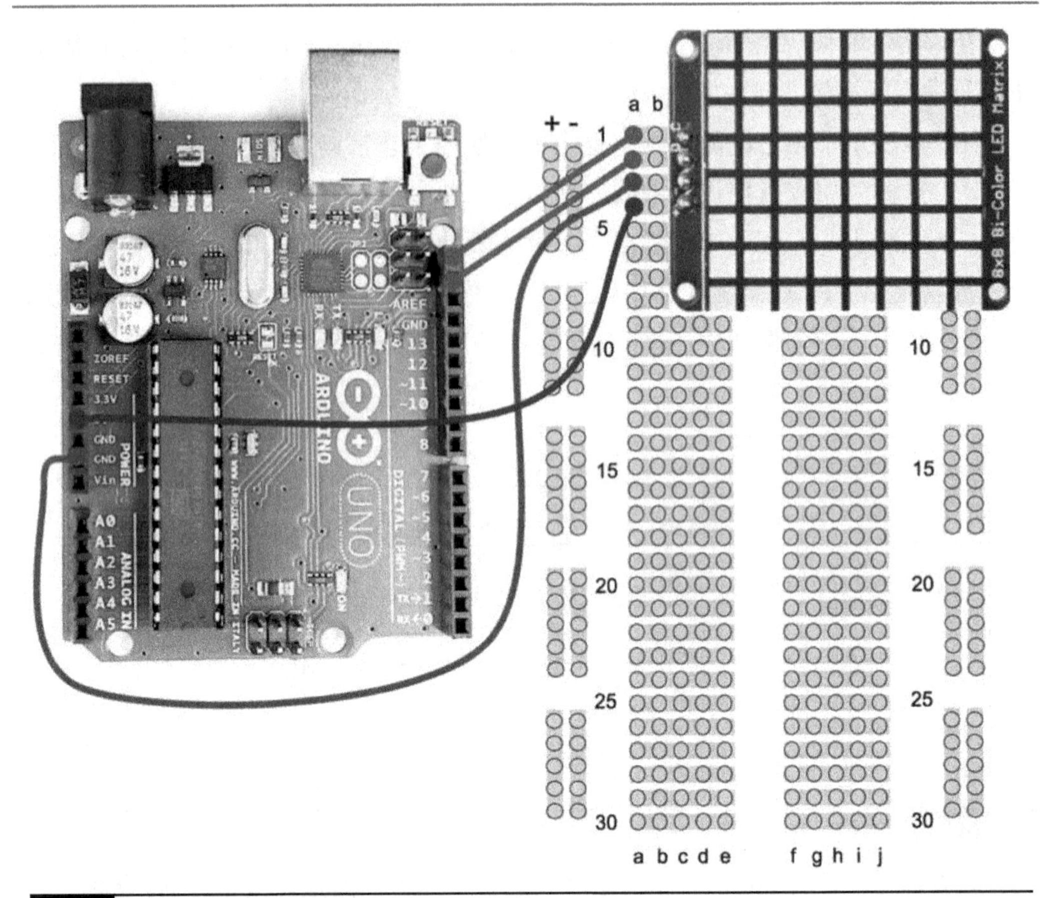

图6.13 项目16的面包板布局图

■ *Adafruit-GFX-Library-master*

类似于前面处理键盘库函数的方法，将这些ZIP文件解压到*Documents/Arduino/libraries*中。你还需要将文件夹重新命名为*Adafruit_LEDbackpack*及*Adafruit_GFX*。

重启Arduino IDE 使得其能够识别新安装的库文件，然后下载Sketch *Project16_led_Matrix*，你就有可能看到一个非常棒的LED矩阵点亮实例。

本项目的软件非常简短，它大量调用了库函数的处理机制。

LISTING PROJECT 16

```
// Project 16 - LED MAtrix


#include <Wire.h>
```

```
#include "Adafruit_LEDBackpack.h"
#include "Adafruit_GFX.h"

Adafruit_BicolorMatrix matrix = Adafruit_BicolorMatrix();

void setup()
{
  matrix.begin(0x70);
}

void loop()
{
  uint16_t color = random(4);
  int x = random(8);
  int y = random(8);
  matrix.drawPixel(x, y, color);
  matrix.writeDisplay();
  delay(2);
}
```

这个Sketch首先会读取随机数，然后设定随机的颜色并设定某个像素。

GFX库函数允许所有类型的特效，包括文字滚动、显示方块和圈圈等。请在Adafruit 网站上了解GFX的说明文件，以激活你的创意。

LCD

如果我们的项目不只是显示数字，就需要采用LCD模块。LCD模块的优势就是将驱动电路集成在模块中，这为我们省略了许多事情：不必循环每一位数字，设置每一位段码。

LCD模块也有标准，因此不同生产商所生产的大多数模块都可以按相同方法来使用，我们找到的LCD模块采用的是HD44780驱动芯片。

由电子元器件零售商提供的LCD非常昂贵，但在互联网上搜索到的LCD通常只要几美元就能买到，特别是你打算一次购买许多片时。

图6.14所示为2 × 16 LCD模块。每个字符由5 × 7阵列构成，因此不需要单独驱动字符的每一段。

图6.14 2 × 16 LCD模块

这个显示模块包含一个字符集，因此显示模块知道任意字符的哪一段需要接通，这意味着我们只需要告诉显示模块在显示器的哪个位置显示哪个字符。

显示器只需要7个数字输出引脚驱动，其中4个为数据输出引脚，3个为控制数据流向的输出引脚，发送到LCD模块的实际内容可以不考虑，因为我们利用一个标准库来完成。

LCD的使用将在下一项目中介绍。

项目17——USB信息板

在本项目中我们要将计算机输出的信息显示在LCD模块上。LCD模块必须无条件地放在计算机的旁边，这样就可以在一根较长USB线的一端显示远程信息，例如，来自大门口对讲机旁边“不速之客”的信息。

本项目所使用的元器件及器材见表6.3。

表6.3 元器件及器材

位 号	描 述	附 录
	Arduino Uno 或 Leonardo	m1/m2
	LCD模块(HD44780控制器)	m6
R1	10kΩ 可调电阻	r11
	间距2.54mm 排针（至少16针）	h12
	面包板	h1
	面包线	

硬　件

图6.15所示是LCD的原理图，图6.16所示是面包板布局图。正如你看到的，这里需要的元件只有LCD本身和LED背光板的限流电阻。

LCD模块在同一时刻通过D4 ~ D7引脚接收4位数据。除了D4 ~ D7引脚以外，还有用于D0 ~ D3引脚的连接器——只用于同时传送8位数据。为了减少不必要的引脚连线，我们在这里不使用D0 ~ D3。

将LCD模块连接到Arduino主板的最简单方法是将排针焊接到连接器焊孔上，然后把LCD模块直接插在面包板上。

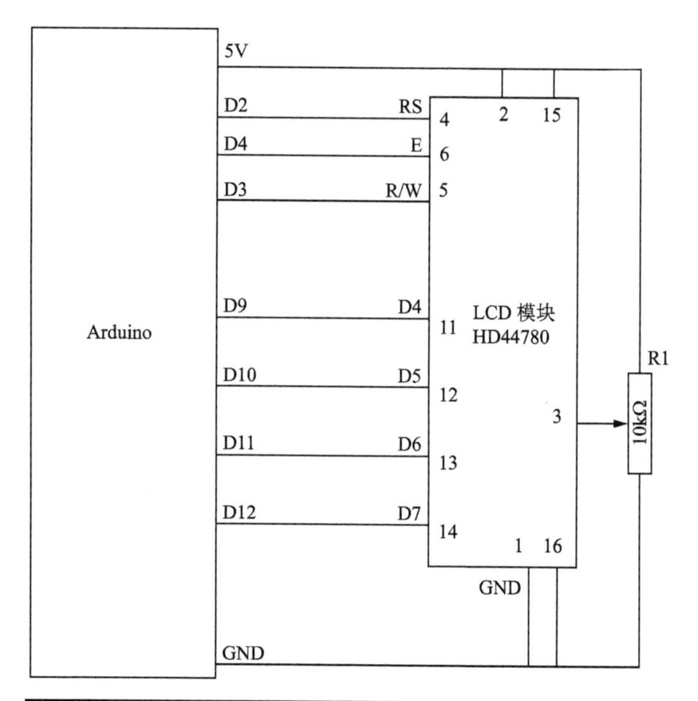

图6.15 项目17的原理图

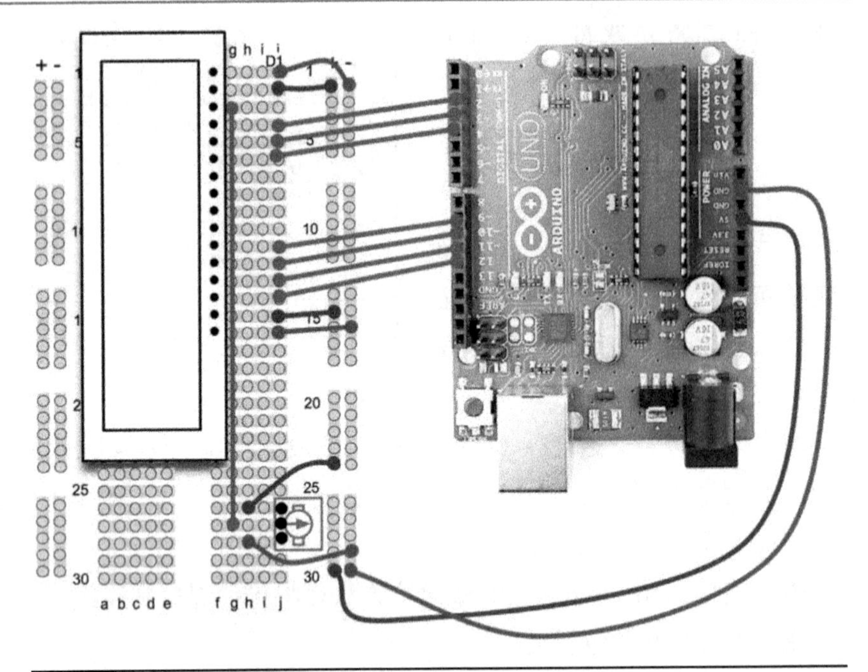

图6.16 项目17的面包板布局图

软 件

项目17的Sketch相当简单，与LCD模块通信的所有工作由LCD数据库来管理。数据库包含在标准Arduino软件安装程序中，因此不需要下载或安装任何特殊的软件。

LISTING PROJECT 17

```
#include <LiquidCrystal.h>

//LiquidCrystal(rs, rw, enable, d4, d5, d6, d7)
LiquidCrystal lcd(12, 11, 10, 5, 4, 3, 2);

void setup()
{
  Serial.begin(9600);
  lcd.begin(2, 20);
  lcd.clear();
```

```
  lcd.setCursor(0,0);
  lcd.print("Evil Genius");
  lcd.setCursor(0,1);
  lcd.print("Rules");
}

void loop()
{
  if (Serial.available())
  {
    char ch = Serial.read();
    if (ch == '#')
    {
      lcd.clear();
    }
    else if (ch == '/')
    {
      lcd.setCursor(0,1);
    }
    else
  {
      lcd.write(ch);
    }
  }
}
```

Sketch中的循环语句读取任意输入。如果输入“#”字符，则清除屏幕显示；如果输入“/”字符，则光标移到第二行，否则只显示输入的字符。

项目集成

从Arduino Sketchbook下载项目17的完整Sketch，并且下载到Arduino主板上（参见第1章）。

现在可以打开Serial Monitor并输入一些文本进行测试。

在后面的项目22中，我们将会再次使用LCD以及热敏电阻、旋转编码器制作恒温器。

小 结

以上是所有与LED数码管以及与发光器件相关的项目。在下一章，我们将关注与声音有关的项目。

第7章 声音项目

Arduino主板既可用于产生声音作为输出，也可利用麦克风接收声音作为输入。本章中有各种各样的乐器类项目，还有处理声音输入的项目。

从严格意义上讲，本章的第一个项目并不是声音项目，而是建立一个简单的示波器，以便我们可以观察一个模拟输入波形。

项目18——示波器

示波器是一种以波形形式测量电信号的装置。传统示波器的工作方式是将一个信号进行放大后去控制阴极射线管（显像管）的一个点在Y轴（垂直轴）上的位置，同时时基机构在X轴上从左到右扫描，到达终点后返回。扫描结果如图7.1所示。

现在，大多数显像管示波器已经被LCD数字示波器所取代，但是原理都是一样的。

本项目从模拟输入端读取数据，并通过USB发送到计算机。这些数据不是被Serial Monitor接收，而是被一个小Sketch接收并以类似示波器的方式进行显示。当信号变化时，波形的形状也跟着变化。

注意，和示波器的特点一样，该项目也不追求精度或速度方面的优势，而只是“找乐子”，这个示波器最高能够显示1kHz波形。

本项目所使用的元器件及器材见表7.1。

这是我们第一次使用电容器。C1的两个引脚可以任意连接，但是C2和C3是有极性的，必须用正确的方法进行连接，否则很可能将电容器毁坏。就像LED一样，

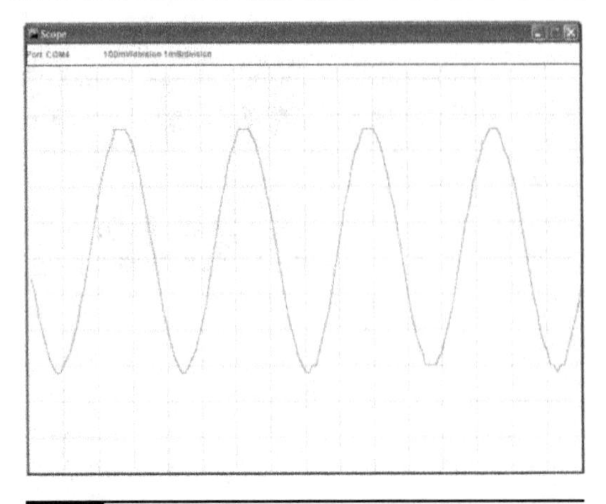

图7.1　示波器上显示的50Hz 噪声

表7.1　元器件及器材

位　号	描　述	附　录
	Arduino Uno 或 Leonardo	m1/m2
C1	220nF 电容	c2
C2,C3	100μF 电解电容	c3
R1,R2	1MΩ,0.25W 电阻	r10
R3,R4	1kΩ,0.25W 电阻	r5
D1	5.1V 齐纳二极管	s13
	面包板	h1
	面包线	h2

对于有极性电容，正极引脚比负极引脚长（电路符号上标有白色长方形框）。负极引脚上一般有一个“-”号，或者在负极引脚旁边有一个菱形符号。

硬　件

图7.2给出了项目18的原理图，图7.3给出了项目18的面包板布局图。

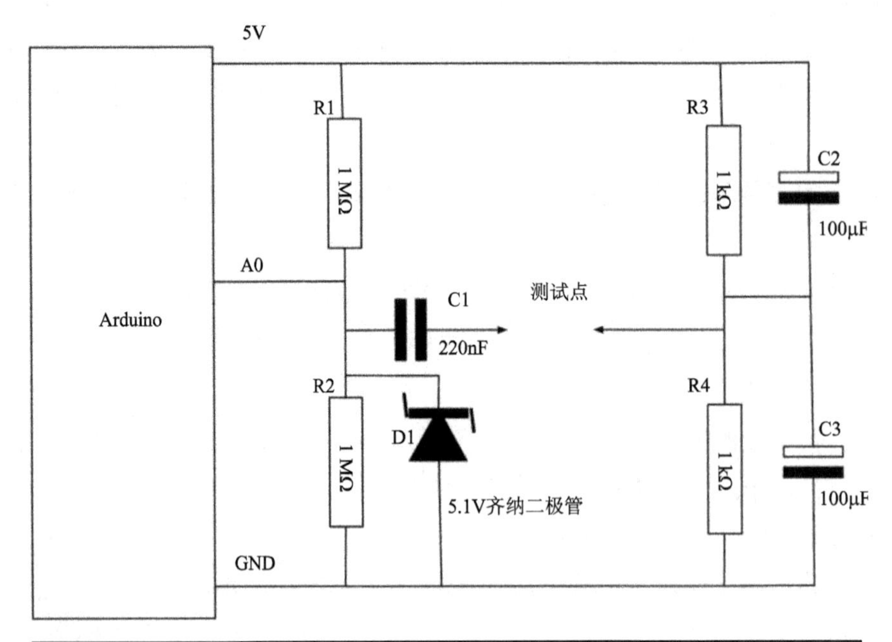

图7.2　项目18的原理图

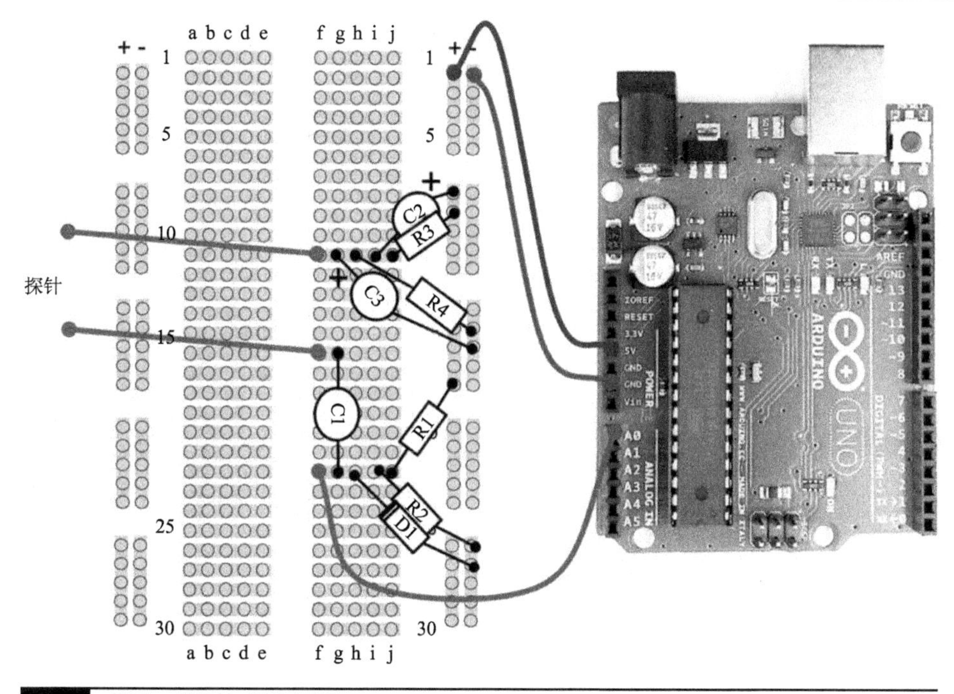

图7.3 项目18的面包板布局图

电路包括两部分，R1和R2是两个大阻值电阻，用于将加到模拟输入引脚的信号“偏置”到2.5V，这两个电阻就像一个分压器。电容C1让信号通过，同时不让任何直流（DC）分量加到信号上（传统示波器上的交流或AC模式）。

R3、R4、C2和C3仅仅提供一个2.5V稳定参考电压。这么做是为了让示波器既能显示正信号，也能显示负信号。因此，我们将测试线的一端固定在2.5V，另一端的任何信号都将是相对于2.5V而言的：正电压意味着模拟输入引脚上加的是高于2.5V的一个信号，负电压意味着模拟输入端上加的是低于2.5V的一个信号。

二极管D1的作用为防止模拟引脚遭受意外的过压输入。

图7.4展示了一个完整的Arduino示波器。

软　件

本项目的软件很简短，唯一目的就是读取模拟输入，并尽快送入USB端口。

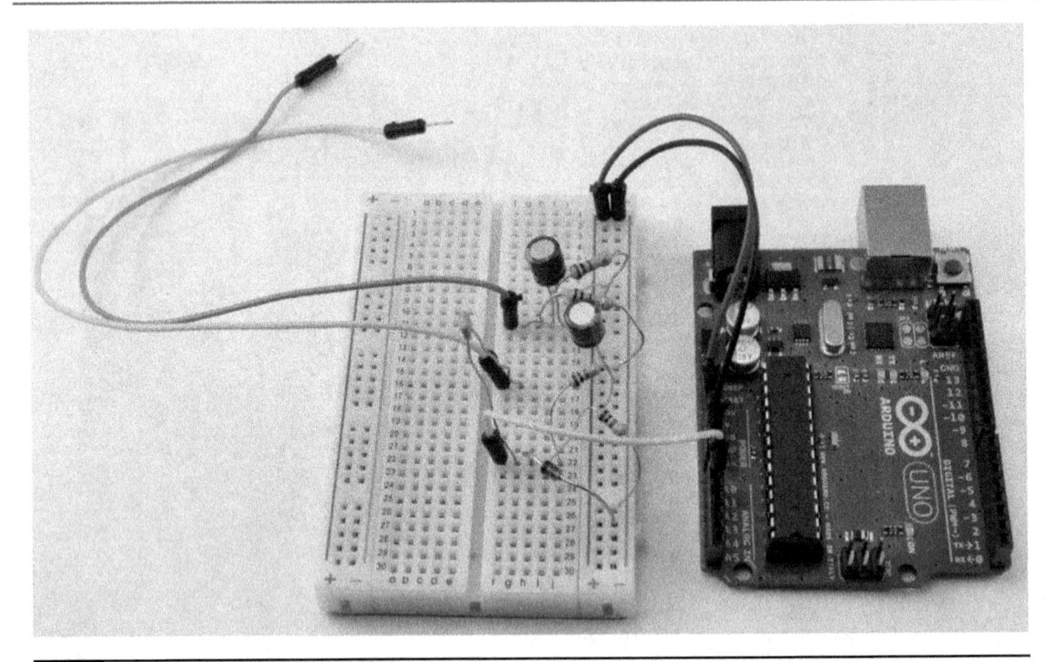

图7.4 项目18：示波器

LISTING PROJECT 18

```
// Project 18 - Oscilloscope

int analogPin = 0;

void setup()
{
  Serial.begin(115200);
}

void loop()
{
  int value = analogRead(analogPin);
  byte data = (value >> 2);
  Serial.write(data);
}
```

需要注意的第一件事情是，我们已经把速率提高到了115 200，这是可能达到的最高速率。为了在不采取任何压缩技术的情况下通过该连接获取尽可能多的数据，我们将会把自然的10位数右移2位（>>2），效果相当于将其除4，使其适合单字节。

我们显然需要在计算机上运行一些相应的软件，以便能看见板子（图7.1）发送的数据。该软件可以从*www.Arduinoevilgenius.com*下载。

为了运行计算机上面的软件，我们首先需要安装一个名为Processing的软件。对于Arduino来说，Processing 是其在计算机端运行应用的天然搭档。实际上，Arduino的编程环境就是使用Processing编写的。

类似于Arduino IDE，Processing同样可以同时在Windows、Mac及Linux环境下运行。每种操作环境下对应的IDE均可以在*www.processing.org*下载。

一旦Processing安装完毕，请运行它。类似于Arduino IDE ，它会立即启动一个窗口。之后要做的是打开*scope.pde*，然后点击Play按钮。

这个时候，你将会看到一个类似于图7.1 的窗口。

项目集成

从Arduino Sketchbook下载项目18的完整Sketch，并将其下载到主板（参见第1章）。按前面所述给计算机安装好软件，一切就准备就绪了。

测试示波器的最简单方法就是利用一个容易得到的信号，这样的信号在我们的生活中随处可见。市电振荡于50Hz或60Hz（取决于你的所在地），每一个电器都会发射这个频率的电磁辐射。欲拾取这样的一个信号，要做的所有事情就是触摸连接到模拟输入引脚的测试线，然后就应该能见到一个类似于图7.1所示的信号。试着在一个电气设备附近挥动胳膊，观察信号如何变化。

如图7.1所示，这个波形是一个215Hz正弦波。而这个波形是由一个智能手机的软件产生的。

声音产生器

可以从Arduino主板产生一个声音，方法是使主板上的一个引脚以合适的频率接通与断开。这样产生的声音粗糙而且刺耳，产生的波形称为方波。要产生比较悦耳的声音，需要一个比较类似于正弦波（图7.5）的信号。

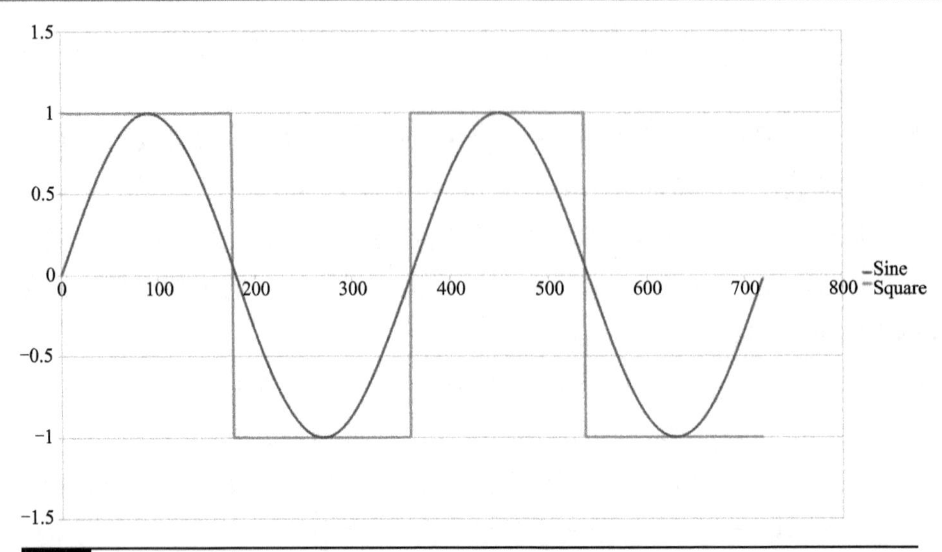

图7.5　方波与正弦波

产生正弦波需要一些方法。其中一个方法可能就是利用一个引脚的模拟输出产生波。不过，问题是来自Arduino的模拟输出并不是真正的模拟输出，而是快速通断的PWM输出。事实上，其开关频率位于音频频率上，一不小心信号将发出和方波一样糟糕的声音。

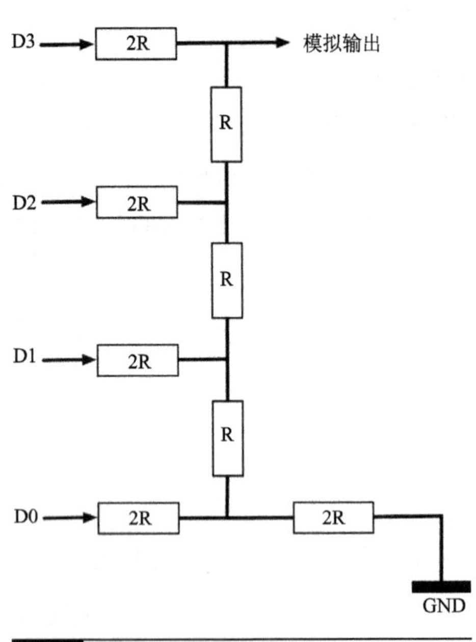

图7.6　R-2R梯形电阻构成的DAC

另一个比较好的方法是利用大家都熟悉的数/模转换器（DAC），一个DAC有数个数字输入，并能产生一个与数字输入值成比例的模拟输出电压。庆幸的是，制作一个简单的DAC很容易，需要的所有元件就是数个电阻。

图7.6给出了一个用R-2R梯形电阻构成的DAC。

DAC所使用的电阻分别为R和2R，因此可以取R的值为5kΩ，2R的值为10kΩ。DAC的每一个数字输入都将连接到Arduino的一个数字输出引脚。4个数字表示数码为4位。因此该DAC将为我们提供16个不同的模拟输出，见表7.2。

表7.2 通过输入数字信号输出模拟值

D3	D2	D1	D0	输 出
0	0	0	0	0
0	0	0	1	1
0	0	1	0	2
0	0	1	1	3
0	1	0	0	4
0	1	0	1	5
0	1	1	0	6
0	1	1	1	7
1	0	0	0	8
1	0	0	1	9
1	0	1	0	10
1	0	1	1	11
1	1	0	0	12
1	1	0	1	13
1	1	1	0	14
1	1	1	1	15

另一种产生特殊波形的方式为使用Arduino的`analogOutput`命令。它应用到了PWM技术，而这个技术已经在第4章用于控制LED亮度。

图7.7展示了来自于Arduino的PWM波形。

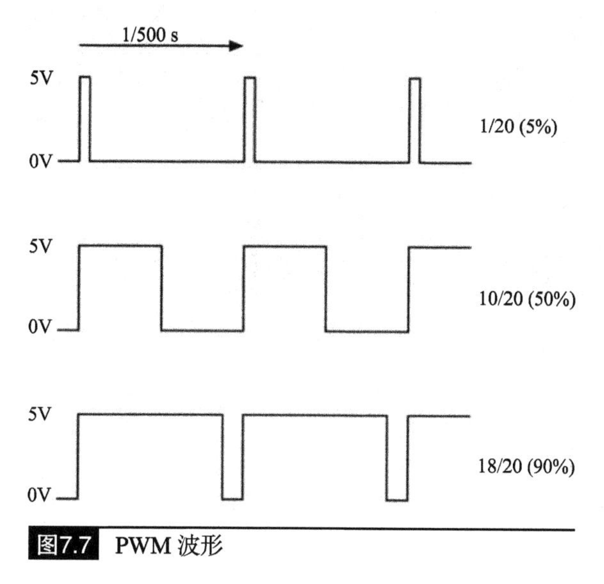

图7.7 PWM 波形

PWM引脚会以500次/s的速度进行通断，根据AnalogWrite函数设置决定引脚保持HIGH状态的时长。那么，它实际看起来类似于图7.7所示的波形，如果输出HIGH状态为5%的总时长，那么接收端只能接收到5%的总能量。如果我们设定PWM为90%的输出，那么它就会输出90%的总能量。

若我们使用PWM驱动电动机，由于物理惯性的作用，它会在断电的时候持续保持运动的状态，这意味着电动机并不会在每秒钟内停止500次，而是在其运动中存在连续的加减速过程。最终的实际效果就是对电动机的转速控制更加平滑。

LED对PWM的反馈效果更加快速，不过就视觉效果看起来则差不多。在使用PWM的情况下，由于点亮熄灭的频率过快，肉眼根本看不到LED点亮或者熄灭，但最终的视觉效果则为它的亮度发生了变化。

我们还可以采用PWM产生一个正弦波，不过，完成这个工作还会遇到一个障碍——Arduino产生的默认PWM，而这个波长是整个人类可闻声波范围内非常狭窄的一个点。万幸的是，我们还可以在Sketch里修改频率，使得它发生更高甚至超过我们听觉范围的频率。

图7.8 展示了254Hz正弦波输出时在示波器上的波形显示。

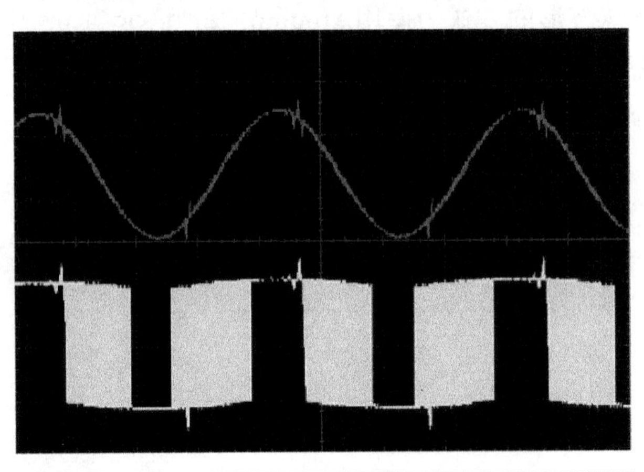

图7.8 正弦波发生器产生波形在示波器上的显示

这个波形序列包含了一系列的值，当我们使用一系列的AnalogWrite输出时，它们顺序产生最终的正弦波。

图片的下方显示了PWM信号的轨迹，正弦波的轨迹由整个PWM的峰值凑出来。对下方的波形采用低通滤波之后，就得到了一个轨迹非常漂亮的正弦波。

项目19——音调演奏器

该项目将利用PWM近似产生正弦波，通过微型喇叭演奏一串音符。

本项目所用到的元器件及器材见表7.3。

如果能找到一个带有可以焊接到印制电路板上的引脚的微型喇叭，可以将其直接插到面包板上。否则，可以在接线端焊接一小段实心导线。如果不方便焊接，就仔细一点，将一段硬导线缠绕在引脚上。

表7.3 元器件及器材

位 号	描 述	附 录
	Arduino Uno 或 Leonardo	m1/m2
C1	100nF无极性电容器	c1
C2	100μF，16V电解电容器	c3
R1	470 Ω，0.25W 电阻	r4
R2	10kΩ 可调电阻	r11
IC1	TDA7052 1W 音频放大器	s23
	微型8Ω喇叭	h14
	面包板	h1
	面包线	h2

硬 件

为了使元器件数目保持最少，我们使用一片集成电路对信号进行放大后驱动喇叭。TDA7052是一种易于使用的8引脚芯片，提供1W的输出功率。

图7.9给出了项目19的原理图，面包板布局如图7.10所示。

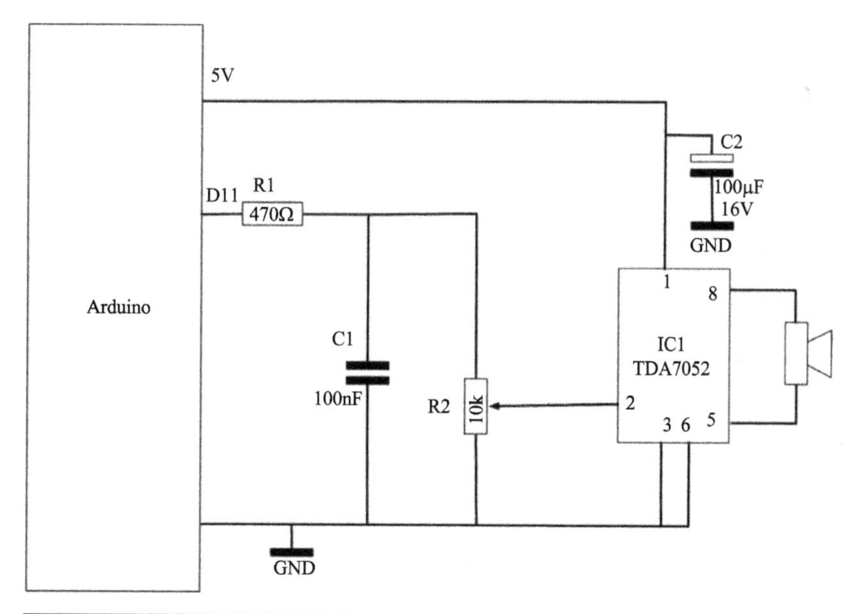

图7.9 项目19的原理图

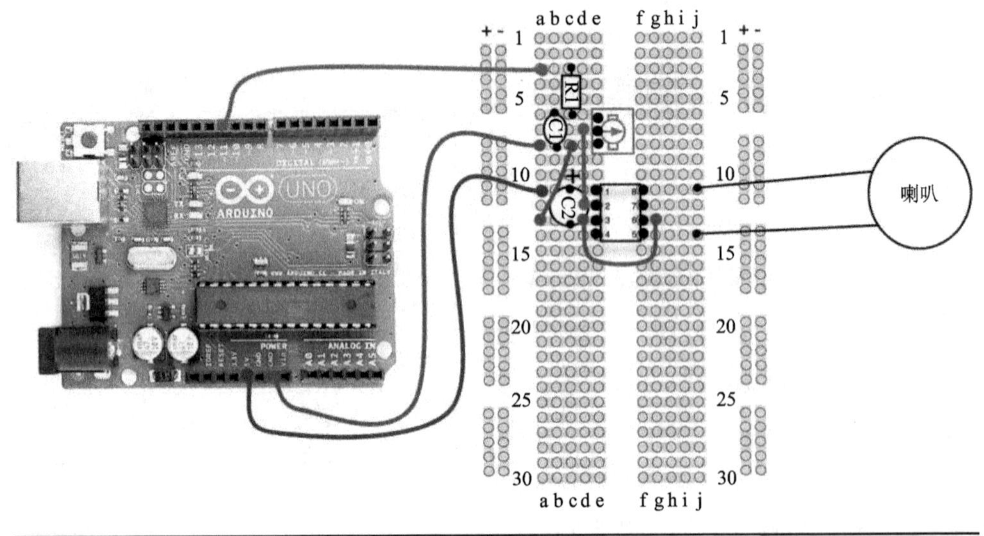

图7.10　项目19的面包板布局图

R1 和C1用于低通滤波，在信号发送到音频放大器之前将高频PWM信号过滤掉。

C2是去耦电容，将电力线上的任何噪声都旁路到地。该电容应该放到尽可能靠近IC1的位置。

可变电阻R2构成分压器，用于调整输出的电压高低，分压系数至少为10，最终起到调节音量大小的作用。

软　件

为了产生一个正弦波，Sketch按步跟踪保存在`sin`数组中的系列数值，这些数值画在了图7.11所示的图表上。该图是一个不太平滑的正弦波形，而是通过对一个方波的有限改进得到的。

`playNote`函数是产生音符的关键，所产生音符的音调由信号各阶梯后的延迟控制。而每个信号都是由`playNote`函数调用`playSine`函数来完成的。

曲调由一个字符数组进行演奏，每一个字符与一个音符相对应，空格对应于各音符之间的静音。主循环查看`song`变量中的每一个字符并进行演奏。当整首歌曲演奏完毕时，有一个5s的停顿，然后歌曲重新开始。

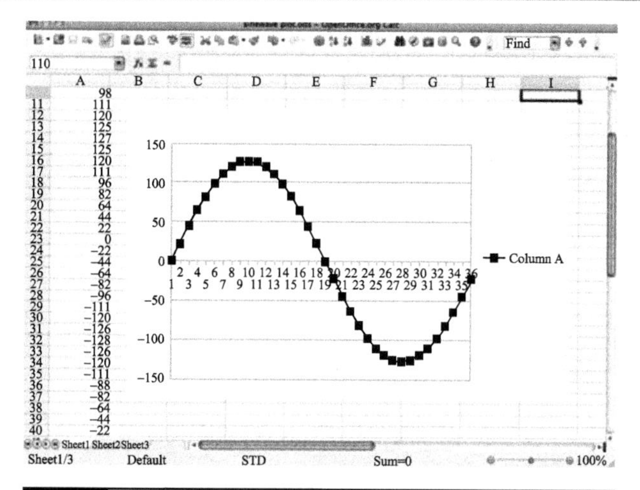

图7.11 正弦波形

LISTING PROJECT 19

```
// Project 19 Tune Player

int soundPin = 11;

byte sine[] = {0, 22, 44, 64, 82, 98, 111, 120, 126, 127,
126, 120, 111, 98, 82, 64, 44, 22, 0, -22, -44, -64, -82,
-98, -111, -120, -126, -128, -126, -120, -111, -98, -82,
-64, -44, -22};

int toneDurations[] = {120, 105, 98, 89, 78, 74, 62};

char* song = "e e ee e e ee e g c d eeee f f f f f e e e e d d e dd
gg e e ee e e ee e g c d eeee f f f f f e e e g g f d cccc";
void setup()
{
  // change PWM frequency to 63kHz
  cli(); //disable interrupts while registers are configured
  bitSet(TCCR2A, WGM20);
  bitSet(TCCR2A, WGM21); //set Timer2 to fast PWM mode (doubles PWM
frequency)
```

```
  bitSet(TCCR2B, CS20);
  bitClear(TCCR2B, CS21);
  bitClear(TCCR2B, CS22);
  sei(); //enable interrupts now that registers have been set
  pinMode(soundPin, OUTPUT);
}

void loop()
{
  int i = 0;
  char ch = song[0];
  while (ch != 0)
  {
    if (ch == ' ')
    {
      delay(75);
    }
    else if (ch >= 'a' and ch <= 'g')
    {
      playNote(toneDurations[ch - 'a']);
    }
    i++;
    ch = song[i];
  }

  delay(5000);
}
void playNote(int pitchDelay)
{
  long numCycles = 5000 / pitchDelay;
  for (int c = 0; c < numCycles; c++)
  {
```

```
      playSine(pitchDelay);
    }
  }

  void playSine(int period)
  {
    for( int i = 0; i < 36; i++)
    {
      analogWrite(soundPin, sine[i] + 128);
      delayMicroseconds(period);
    }
  }
```

聪明的创客将会发现，该项目可用于让他或她的“敌人们”吃点苦头。

项目集成

从Arduino Sketchbook下载项目19的完整Sketch，并将其下载到Arduino主板上（参见第1章）。

你可能想把所演奏的曲子从“铃儿响叮当”变成别的。要做到这一点，只要在以`char* song=`开始的行前加上符号“//”将其变为注释行，然后定义自己的数组，即可达到目的。

乐器的工作如下。这里有两个八度音程，高音是小写字母“a”～“g”，低音是大写字母“A”～“G”。对于长时间持续的音符，只要在音符之间不加空格直接重复就可以了。

你将会注意到，曲子的质量并不尽如人意。这个音调比用方波产生的音调效果改善了许多，但是距真实的乐器演奏曲子的悦耳程度还相差甚远。这里的每一个音符都有一个“包络”，演奏时音符在包络处的幅度（音量）会随着音符变化。

项目20——光敏竖琴

本项目实际上是项目19的一种改型，它使用了两个光敏器件（LDR）：一个

表7.4　元器件及器材

位　号	描　述	附　录
	Arduino Uno 或 Leonardo	m1/m2
C1	100nF无极性电容器	c1
C2	100μF，16V电解电容	c3
R1	470Ω,0.25W 电阻	r4
R2，R3	1kΩ,0.25W 电阻	7r5
R6	10kΩ 可调电阻	r11
R4,R5	LDR	r13
IC1	TDA7052 1W 音频放大器	s23
	微型8Ω喇叭	h14
	面包板	h1
	面包线	H2

光敏器件控制音调；另一个光敏器件控制音量。

本项目所使用的元器件及器材见表7.4。

这个项目是受到乐器泰勒明(Theremin)电子琴的启发而产生的——通过在两个天线之间挥舞双手进行演奏。事实上，项目20产生的声音更像风笛，而不像竖琴，不过它非常有趣。

硬　件

图7.12和图7.13给出了项目的原理图和面包板布局图，在图7.14中可以看到完成后的项目。

为了便于用双手弹奏乐器，将LDR、R14和R15放在面包板的相对两端。

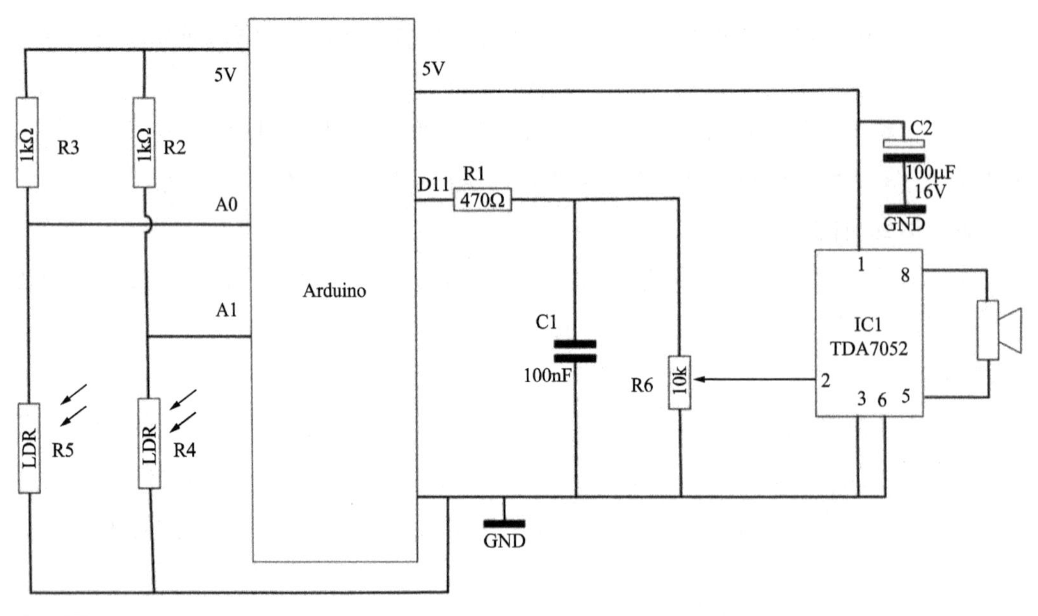

图7.12　项目20的原理图

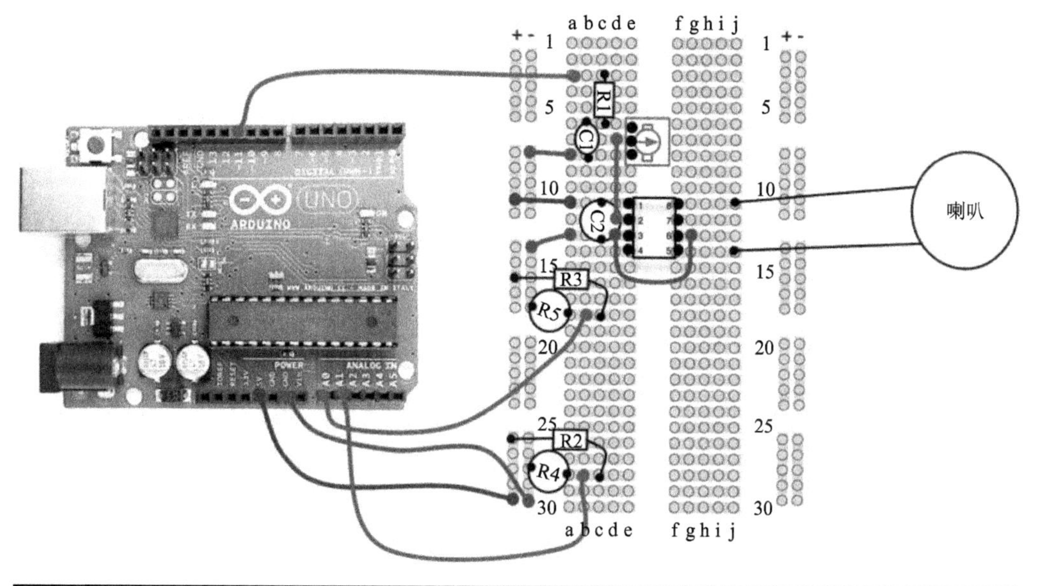

图7.13 项目20的面包板布局图

图7.14 项目20：光敏竖琴

软　件

该项目的Sketch与项目19有许多共同之处。

LISTING PROJECT 20

```
// Project 20 Light Harp

int soundPin = 11;
int pitchInputPin = 0;
int volumeInputPin = 1;
int ldrDim = 400;
int ldrBright = 800;

byte sine[] = {0, 22, 44, 64, 82, 98, 111, 120, 126, 127, 126, 120,
111, 98, 82, 64, 44, 22, 0, -22, -44, -64, -82, -98, -111, -120,
-126, -128, -126, -120, -111, -98, -82, -64, -44, -22};

long lastCheckTime = millis();
int pitchDelay;
int volume;

void setup()
{
  // change PWM frequency to 63kHz
  cli();        //disable interrupts while registers are configured
  bitSet(TCCR2A, WGM20);
  bitSet(TCCR2A, WGM21);
                //set Timer2 to fast PWM mode (doubles PWM frequency)
  bitSet(TCCR2B, CS20);
  bitClear(TCCR2B, CS21);
  bitClear(TCCR2B, CS22);
  sei();        //enable interrupts now that registers have been set
  pinMode(soundPin, OUTPUT);
}

void loop()
{
  long now = millis();
```

```
    if (now > lastCheckTime + 20L)
    {
      pitchDelay = map(analogRead(pitchInputPin), ldrDim, ldrBright, 10, 30);
      volume = map(analogRead(volumeInputPin), ldrDim, ldrBright, 1, 4);
      lastCheckTime = now;
    }

  playSine(pitchDelay, volume);
}

void playSine(int period, int volume)
{
  for( int i = 0; i < 36; i++)
  {
    analogWrite(soundPin, (sine[i] / volume) + 128);
    delayMicroseconds(period);
  }
}
```

二者的主要区别是，本Sketch中`playSine`的值由模拟输入（A0）的大小来确定。随后这个值被传递到了`map`函数来进行处理。类似的，声音的大小则是通过模拟输入（A1）的值来读取，使用`map`函数来进行同比缩放，然后在正弦波最终输出之前控制其波形的振幅。

LDR具有不同范围的电阻，所以你可能会发现你需要调整`ldrDim`和`ldrBright`两个变量的值，以使得我们的竖琴能够获得更好的表现。

项目集成

从Arduino Sketchbook下载项目20的完整Sketch，并将其下载到主板（参见第1章）。

演奏这个“乐器”时，用右手在一个LDR上控制声音的音量，用左手在另一个LDR上控制音调。在两个LDR上挥舞你的双手会听到很有趣的效果。

项目21——VU表

本项目所使用的元器件及器材见表7.5。

本项目（图7.15）利用发光二极管（LED）显示麦克风拾取的噪声音量。它的核心组件是十段LED数码管。

表7.5 元器件及器材

位 号	描 述	附 录
	Arduino Uno 或 Leonardo	m1/m2
R1,R3	10kΩ，0.25W 金属膜电阻	r6
R2	100kΩ，0.25W 金属膜电阻	r8
R4 ~ R13	270Ω，0.25W 金属膜电阻	r3
C1	100nF 电容	c1
T1	2N2222 晶体管	s14
	十段LED数码管	s9
S1	轻触开关	h3
	麦克风	h15
	面包板	h1
	面包线	h2

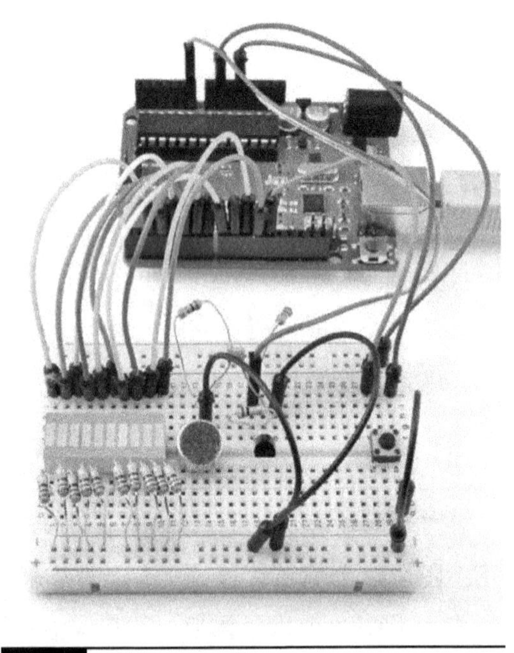

图7.15 项目21：VU表

按钮用于切换VU表的模式，在标准模式下，条形图仅仅随着音量上下闪烁；在最大模式下，条形图寄存最大值并点亮LED，因此声级将其逐渐上推。

硬 件

该项目的原理图如图7.16所示。条形图LED组件的每个LED都采用分立连接，各自通过限流电阻驱动。

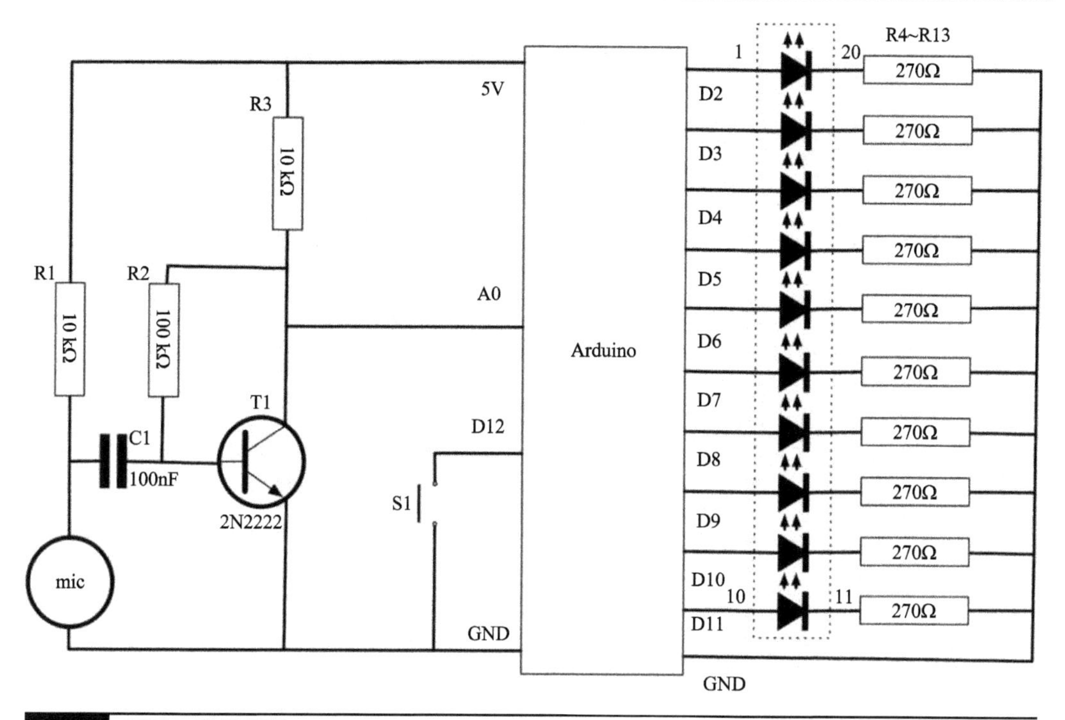

图7.16 项目21的原理图

麦克风产生的信号不足以驱动模拟输入，因此我们用一个单管放大器对信号进行放大。所使用的放大器是集电极馈电偏置标准组态放大器。在该电路中，集电极电压的一部分用于对晶体管进行偏置使之导通，因此放大器大致以线性方式而不是开关方式进行放大。

面包板布局图如图7.17所示。使用这么多LED，需要很多导线。

软　件

该项目的Sketch利用一个LED引脚数组缩短初始化函数。该数组还用于`loop`函数中，这里我们用在每一个LED循环上，确定将其点亮还是熄灭。

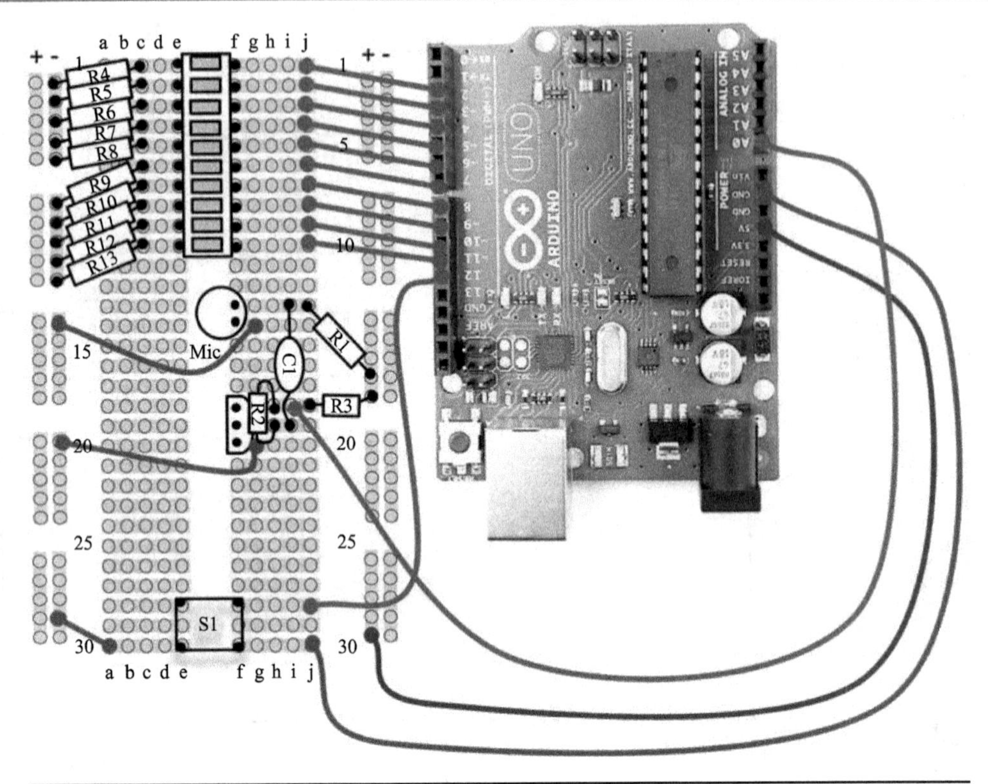

图7.17　项目21的面包板布局图

LISTING PROJECT 21

```
int ledPins[] = {2, 3, 4, 5, 6, 7, 8, 9, 10, 11};
int switchPin =12;
int soundPin = 0;

boolean showPeak = false;
int peakValue = 0;

void setup()
{
  for (int i = 0; i < 10; i++)
  {
    pinMode(ledPins[i], OUTPUT);
  }
```

```
  pinMode(switchPin, INPUT_PULLUP);
}

void loop()
{
  if (digitalRead(switchPin) == LOW)
  {
    showPeak = ! showPeak;
    peakValue = 0;
    delay(200); // debounce switch
  }
  int value = analogRead(soundPin);
  int topLED = map(value, 0, 1023, 0, 11) - 1;
  if (topLED > peakValue)
  {
    peakValue = topLED;
  }
  for (int i = 0; i < 10; i++)
  {
     digitalWrite(ledPins[i], (i <= topLED || (showPeak && i ==
     peakValue)));
  }
}
```

在每一个loop函数的开始，我们查看开关是否被压下，如果是就切换模式。! 指令将一个值取反，因此它将“真”变为“假”，将“假”变为“真”，也正因为如此，有时称之为“接线员”。改变模式之后，我们将最大值复位到0，然后延时200ms，以防键盘抖动使其直接变回原模式。

声音的大小由模拟引脚0读取，然后用map函数将0 ~ 1023变换为0~9，该值将使顶端的LED点亮。可以通过将数值范围扩展到0~11然后减去1进行略微调整，以防止最下面的两个LED由于晶体管的偏置而永久点亮。

然后我们在数字0~9上进行循环并使用布尔表达式，如果i小于或等于topLED，则表达式返回“真”（并点亮LED）。这个过程实际上要复杂得多，因为如果处于峰值模式，我们也应该显示LED，而且LED正好就是peakValue的值。

项目集成

从Arduino Sketchbook下载项目21的完整sketch，并将其下载到主板（参见第1章）。

小　结

该项目是最后一个有关声音的项目。在下一章中，我们将看到如何利用Arduino主板控制功率，这一直是创客关注的一个话题。

第8章 功率控制项目

看过发光和发声项目之后，我们现在将注意力转到控制电源。实际上，功率控制就意味着让电器接通或断开，并控制它们的速度。这些技术都广泛地应用于电动机、激光器以及伺服控制激光器项目。

项目22——LCD恒温器

在创客的世界里，恒温器一定是受控制的，因为创客对寒冷尤其敏感。该项目利用LCD屏幕和温度传感器显示当前温度并对温度进行设置，用一个旋转编码器改变设置温度，旋转编码器的按钮还用作过载控制开关。

当被测温度低于设置温度时，一个继电器被吸合。继电器是老式的电磁器件，当电流流过线圈时，其机械开关被吸合。这种继电器有许多优点：首先，它可以切换大电流和高电压，适合用于市电供电设备；继电器还可以对控制端（线圈）和切换端进行电隔离，使高、低电压永远都不会相遇，这无疑是非常重要的。

如果读者想要利用该项目切换市电供电电器，那么千万别这么做。市电供电电器极其危险，仅在美国每年就有大约500个人因此丧命，还有更多的人承受着痛苦的致残性烧伤。

本项目所使用的元器件及器材见表8.1。

硬　件

LCD模块的连接方式与项目17完全一样，旋转编码器的连接方法也和以前的项目完全一样。

表8.1 元器件及器材

位 号	描 述	附 录
	Arduino Uno 或 Leonardo	m1/m2
IC1	TMP36 温度传感器	34
R1	270Ω，0.25W 金属膜电阻	r3
R2	1kΩ，0.25W 金属膜电阻	r5
R3	10kΩ 可调电阻	r11
D1	5mm 红色LED	s1
D2	1N4004 二极管	s12
T1	2N2222 晶体管	s14
	5V 继电器	h16
	LCD 模块 HD44780	m6
	排针	h12
	面包板 × 2	h1
	面包线	h2

继电器需要大概70mA的电流，对于一个Arduino输出引脚来说，独立提供该电流有点力不从心，因此我们用NPN晶体管进行电流放大。还要注意与线圈并联的二极管，其作用是防止继电器断开时产生的反向电动势（Electromotive Force，EMF）的影响：线圈中电磁场的突然减小会产生一个电压，如果没有并联二极管在电压出现时将其有效短路掉，该电压足以毁坏电器。

图8.1给出了该项目的原理图。该项目的面包板布局（图8.2）辨认起来有一定困难，因为LCD模块占用了大块地方。

查看一下继电器用户手册，上面一般会提供几个引脚布局图，而你的布局图与作者使用的继电器布局图很可能不一致。

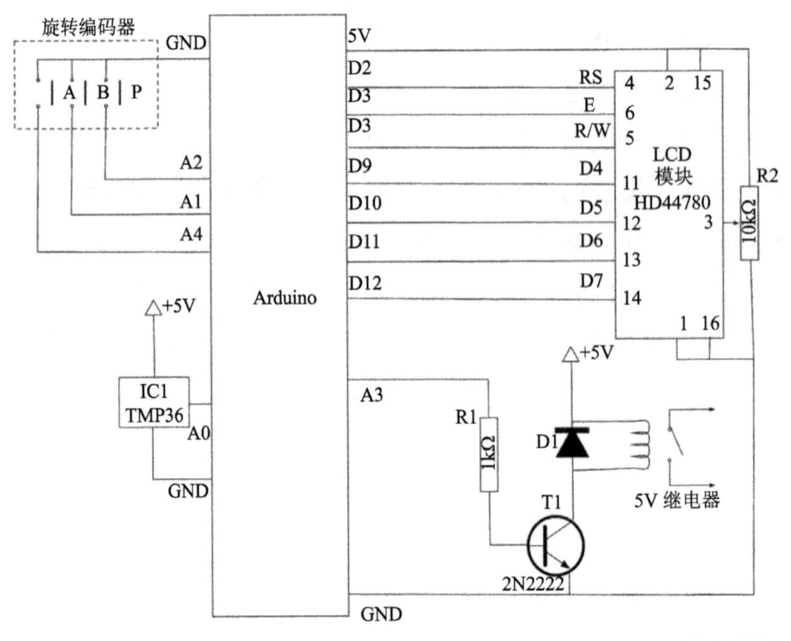

图8.1 项目22的原理图

图8.2展示了面包板的布局图。

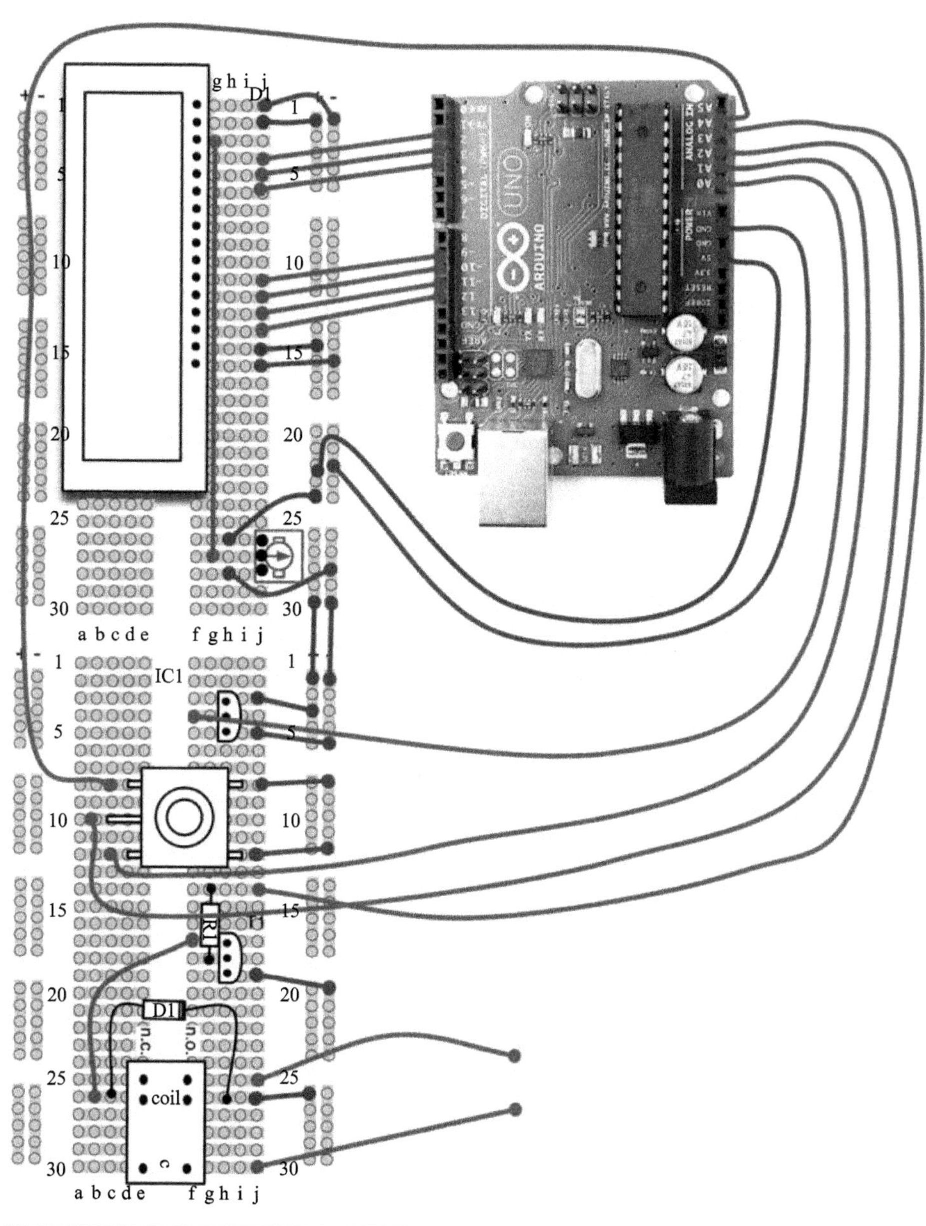

图8.2 项目22的面包板布局图

你还可以利用万用表去找继电器线圈的两个引脚，这两个引脚间的电阻为40～100Ω。

软　件

该项目的Sketch大部分是借用的以前的几个项目，包括使用旋转编码器的LCD显示器、温度数据记录器及交通信号灯项目。

设计这样一个自动恒温器项目时，需要考虑到要防止“振荡”的情况出现。当你拥有的是一个简单的通断控制系统时，振荡情况就会出现。当温度降至设定值之下时，电源接通，房间开始加热，直至温度高于设定值。然后房间开始慢慢变冷，直至温度再次低于设定值，加热器又被接通，如此循环往复。这种情况发生次数可能很少，但是当温度恰好平衡在转变温度时，这种摆动会非常频繁。像这样的高频切换是不受欢迎的，因为频繁地接通/断开设备容易损坏它们，继电器也不例外。

使这种效果最小化的方法之一就是引入“迟滞”。你可能已经注意到，程序中有一个hysteresis（迟滞）变量，该变量的值设置为0.25℃。

LISTING PROJECT 22

```
// Project 22 - LCD Thermostat

#include <LiquidCrystal.h>

// LiquidCrystal(rs, rw, enable, d4, d5, d6, d7)
LiquidCrystal lcd(2, 3, 4, 9, 10, 11, 12);

int relayPin = A3;
int aPin = A4;
int bPin = A1;
int buttonPin = A2;
int analogPin = A0;

float setTemp = 20.0;
float measuredTemp;
char mode = 'C'; // can be changed to F
boolean override = false;
float hysteresis = 0.25;
```

```
void setup()
{
  lcd.begin(2, 16);
  pinMode(relayPin, OUTPUT);
  pinMode(aPin, INPUT_PULLUP);
  pinMode(bPin, INPUT_PULLUP);
  pinMode(buttonPin, INPUT_PULLUP);
  lcd.clear();
}

void loop()
{
  static int count = 0;
  measuredTemp = readTemp();
  if (digitalRead(buttonPin) == LOW)
  {
    override = ! override;
    updateDisplay();
    delay(500); // debounce
  }
  int change = getEncoderTurn();
  setTemp = setTemp + change * 0.1;
  if (count == 1000)
  {
    updateDisplay();
    updateOutput();
    count = 0;
  }
  count ++;
}

int getEncoderTurn()
{
  // return -1, 0, or +1
  static int oldA = LOW;
  static int oldB = LOW;
  int result = 0;
```

```
  int newA = digitalRead(aPin);
  int newB = digitalRead(bPin);
  if (newA != oldA || newB != oldB)
  {
    // something has changed
    if (oldA == LOW && newA == HIGH)
    {
      result = -(oldB * 2 - 1);
    }
  }
  oldA = newA;
  oldB = newB;
  return result;
}

float readTemp()
{
  int a = analogRead(analogPin);
  float volts = a / 205.0;
  float temp = (volts - 0.5) * 100;
  return temp;
}

void updateOutput()
{
  if (override || measuredTemp < setTemp - hystere sis)
  {
    digitalWrite(relayPin, HIGH);
  }
  else if (!override && measuredTemp > setTemp + hysteresis)
  {
    digitalWrite(relayPin, LOW);
  }
}

void updateDisplay()
{
```

```
    lcd.setCursor(0,0);
    lcd.print("Actual: ");
    lcd.print(adjustUnits(measuredTemp));
    lcd.print(" o");
    lcd.print(mode);
    lcd.print(" ");

    lcd.setCursor(0,1);
    if (override)
    {
      lcd.print(" OVERRIDE ON ");
    }
    else
    {
      lcd.print("Set: ");
      lcd.print(adjustUnits(setTemp));
      lcd.print(" o");
      lcd.print(mode);
      lcd.print(" ");
    }
}

float adjustUnits(float temp)
{
  if (mode == 'C')
  {
    return temp;
  }
  else
  {
    return (temp * 9) / 5 + 32;
  }
}
```

图8.3展示了利用一个迟滞值避免高频振荡的方法。

温度随着电源接通而升高，它会到达设置点。然而，在温度超出设置点加上迟滞值之前电源并不会断开。同样，当温度下降时，降到低于设置点时并不会重新加

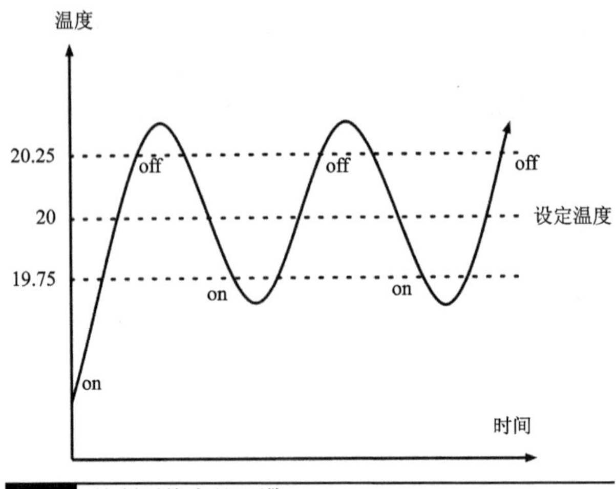

图8.3 控制系统中的迟滞

电，而是只有当温度下降到低于设置点减去迟滞值时才会加电。

我们不想连续地刷新显示值，因为读数的任何细微变化都可能导致显示闪烁。因此我们并不在每次主循环中刷新显示，而是循环1000次刷新一次，即每秒钟刷新三四次。为了做到这一点，引入`counter`变量，该变量每个循环增加1次，当其增加到`1000`时，我们刷新显示并将`counter`变量复位到`0`。

每次改变显示值都使用`lcd.clear()`也会导致其闪烁。因此，我们简单地将新温度值写在旧温度值的上面。这就是我们在"OVERRIDE ON"（覆盖）信息中添加空格，使得以前在边沿显示的所有文本都作废的原因。

项目集成

从Arduino Sketchbook下载项目22的完整Sketch，并将其下载到主板（参见第1章）。

完整的项目如图8.4所示。要测试该项目，先转动旋转编码器，将温度设置为略高于实际温度。LED应该接通了，这时将你的手指放到热敏电阻上对其加热。如果一切顺利，那么当温度超过设置温度时，LED应该熄灭，你应该会听到继电器发出的"咔嗒"声。

还可以将一块设置在连续性测试（蜂鸣）模式的万用表连接到继电器的开关输出引线上，测试继电器的操作。

图8.4 项目22 LCD恒温器

特别需要注意的是，如果你执意将继电器用于市电切换，首先，要把该项目放到适当的焊接好的原型电路板上；其次，要非常细心并反复检查你正在做的项目。因为，“电老虎”杀人很高效！

除非你想要通过该设计制作一个适当的焊接项目，否则你必须用低压对继电器进行测试。

项目23——计算机控制风扇

本项目所用的元器件及器材见表8.2。

可以从一台报废计算机中回收的部件之一就是风扇（图8.5），我们可利用这样的一个风扇在夏日里纳凉。用一个简单的通/断开关完成这件事情显然与创客的做事风格不一致——风扇的速度将受控于计算机。

表8.2 元器件及器材

位 号	描 述	附 录
	Arduino Uno 或 Leonardo	m1/m2
R1	270Ω，0.25W 金属膜电阻	r3
D1	1N4004 二极管	s12
T1	BD139 功率晶体管	s17
M1	12V 计算机散热风扇	h17
	12V 电源	h7
	面包板	h1
	面包线	h2

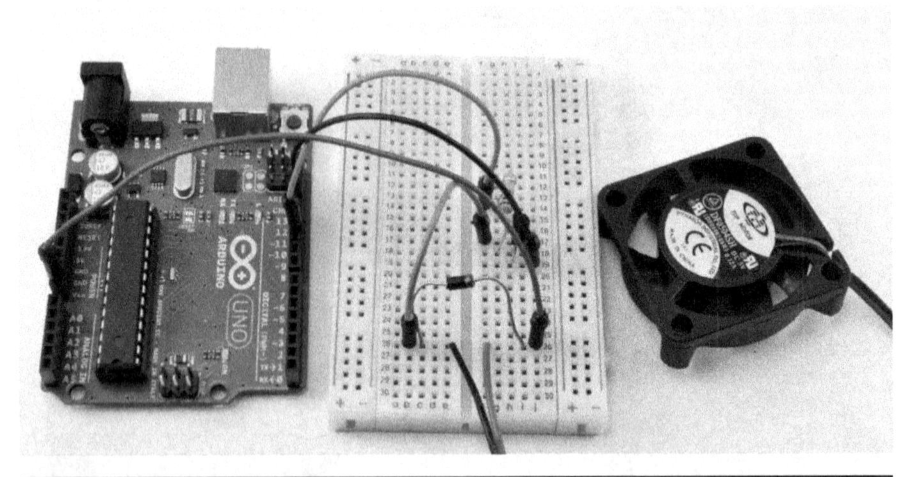

图8.5 从计算机中回收的风扇

如果手头没有报废的计算机，也不必担心，可以用很便宜的价格购买新风扇。

硬　件

我们可以用模拟输出（PWM）驱动功率晶体管控制风扇的速度。由于这些计算机风扇的电源通常为12V，所以我们利用外接电源给风扇提供驱动功率。

图8.6给出了该项目的原理图，图8.7为面包板布局图。

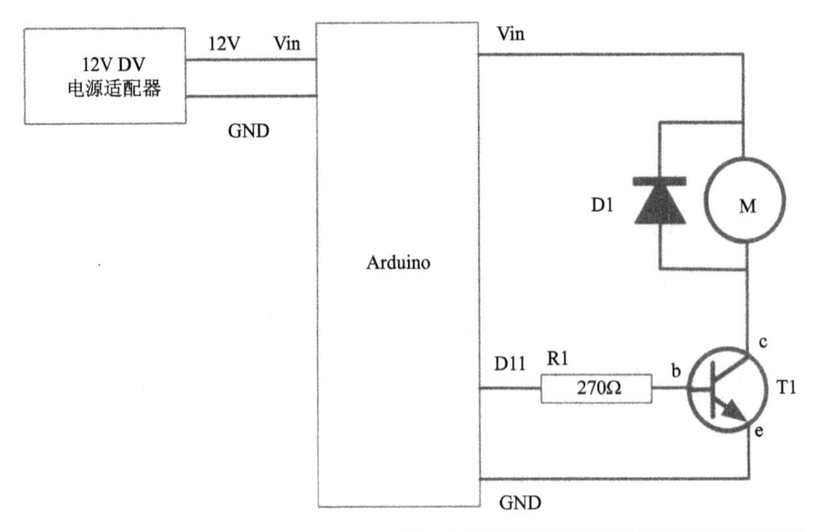

图8.6 项目23的原理图

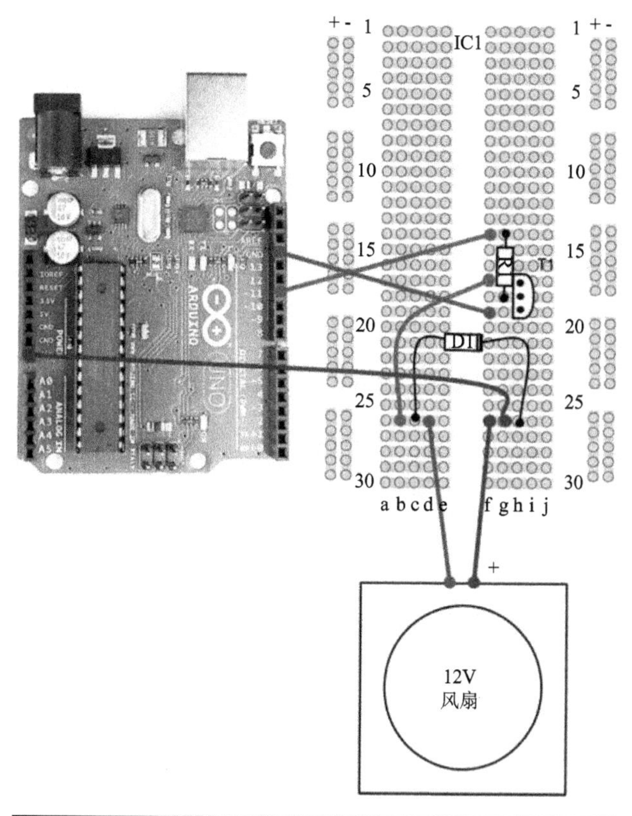

图8.7 项目23的面包板布局图

软　件

这是个极其简单的Sketch。实际上，只需从USB读取数字0～9，将该值除以10后再加上150，使驱动的值介于150～240，而设置150的下限值是有必要的，因为风扇需要固定的最低电压才能转动。针对不同的风扇，你可能需要调整这个参数。

LISTING PROJECT 23

```
// Project 23 - Computer Controlled Fan
int motorPin = 11;

void setup()
{
  pinMode(motorPin, OUTPUT);
```

```
  analogWrite(motorPin, 0);
  Serial.begin(9600);
}

void loop()
{
  if (Serial.available())
  {
    char ch = Serial.read();
    if (ch >= '0' && ch <= '9')
    {
      int speed = ch - '0';
      if (speed == 0)
      {
        analogWrite(motorPin, 0);
      }
      else
      {
        analogWrite(motorPin, 150 + speed * 10);
      }
    }
  }
}
```

项目集成

从Arduino Sketchbook下载项目23的完整Sketch，并将其下载到主板（参见第1章）。

H桥电路

为了改变电动机转动的方向，必须使电动机中电流的方向反向。做到这一点需要4个开关或晶体管。图8.8展示了进行这项工作的方法——将开关进行组合，为方便起见，称其为H桥。

在图8.8中，S1和S4闭合，S2和S3打开。这就使得电流以A端为正、B端为负流

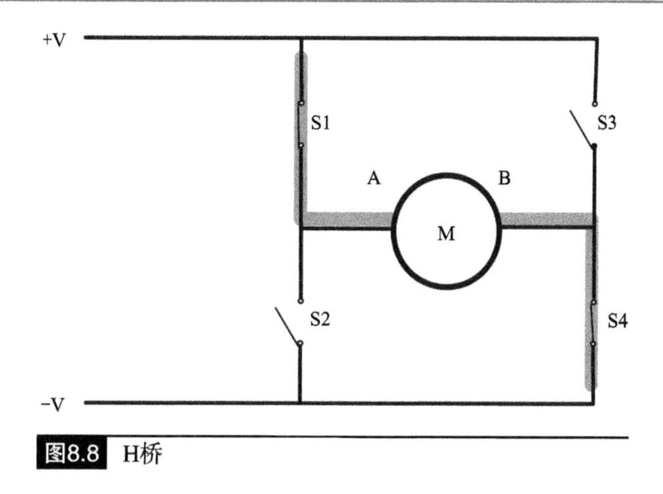

图8.8 H桥

过电动机。如果我们反转开关，使S2和S3闭合，S1和S4打开，则B端将为正、A端将为负，电动机将反向转动。

但是，你会发现该电路有危险。那就是，如果由于某种巧合S1和S2都闭合，那么正、负电源将直接相连，产生短路。同理，S3和S4都闭合也是一样。

尽管我们可以使用4个独立的晶体管来构架H桥电路，不过使用现成的H桥集成电路（IC）是个更好的选择，如L293D等。这个芯片内置了两个H桥，你可以使用它同时控制两个电动机。我们会在项目24中使用这样一个芯片。

项目24——催眠器

思想控制是创客特别想做的事情。该项目（图8.9）对电动机进行全面的控制，不仅控制其速度，还要控制其是按顺时针转动还是逆时针转动。附着于电动机上的是漩涡状的圆盘，用于对被测者实施催眠。

本项目所使用的元器件及器材见表8.3。

表8.3 元器件及器材

位号	描述	附录
	Arduino Uno 或 Leonardo	m1/m2
M1	6V 直流减速电机	h18
	齿轮	h19
IC1	L293D	s24
	面包板	h1
	面包线	h2

该项目中使用的电动机是带减速箱的电动机，其直流电机和减速箱整合在了一起。减速箱的存在使得圆盘的转速适当降低，这种电动机最适合本项目。

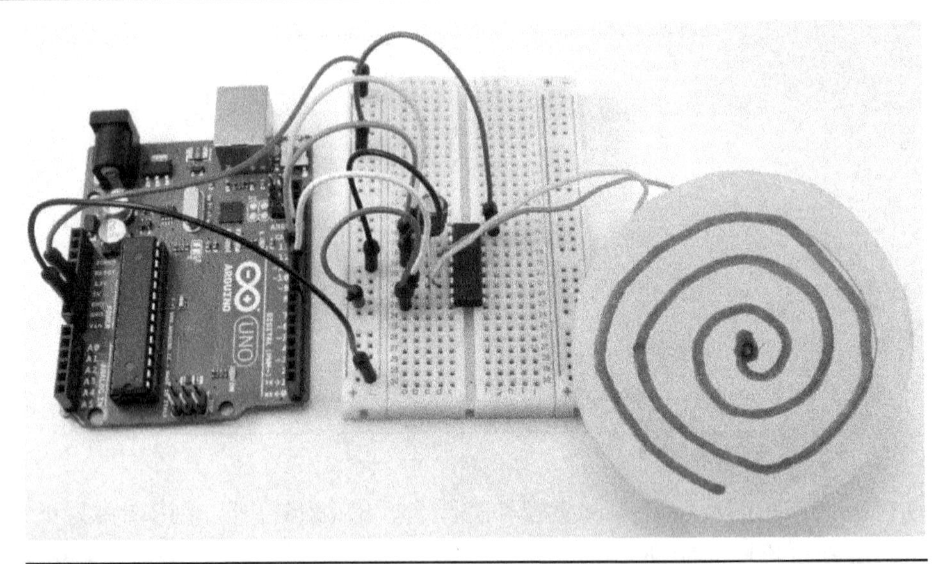

图8.9 项目24：催眠器

硬　件

催眠器的原理图如图8.10所示，它使用了L293D芯片两个H桥中的一个。

L293D拥有两个+V引脚（8和16）。引脚8上的+V用于提供电动机的电源，而引脚16上的+V为芯片的逻辑部分供电。我们将他们都连接到Arduino的5V引脚上。当然，如果你使用的是功率更大或者额定电压更高的电动机，则需要分别为引脚8和引脚16提供不同的电源：引脚8连接到为电动机提供的电源，而引脚16连接到Arduino的5V，记得将两个电源的GND连接起来。

图8.11展示了本项目的面包板布局图。

本项目的催眠器需要一个螺旋图案，可以复印图8.12中的图案，把它裁剪下来，粘到风扇上，也可以从*www.arduinoevilenius.com*网站上下载。

从纸上剪下螺旋图案，将其粘到厚纸板上，然后将厚纸板粘到电动机末端的小齿轮上。

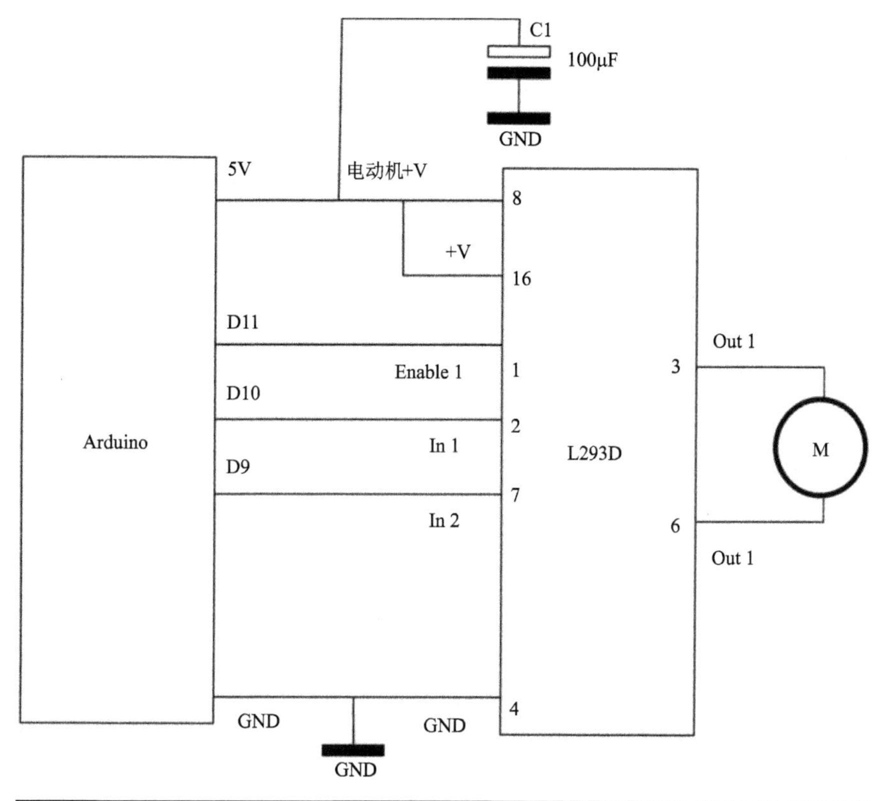

图8.10 项目24的原理图

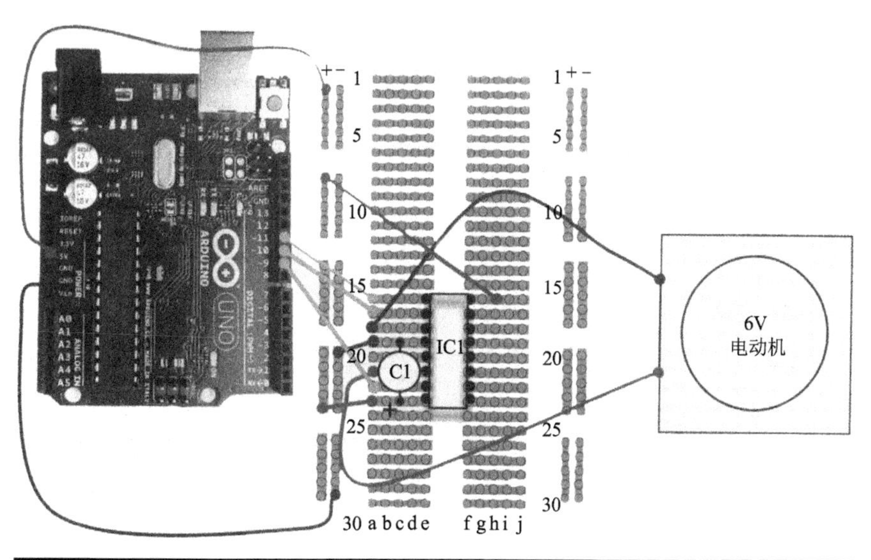

图8.11 项目24的面包板布局图

图8.12 催眠器的螺旋图案

软 件

Sketch使用speeds数组控制圆盘的转速，使得圆盘在一个方向上越转越快，之后减速，直至最终变换方向，然后又开始在新的方向上越转越快……如此循环。对于特定电动机而言，可能需要对该数组进行调整——数组中指定的速度将视不同的电动机而定。

我们使用Arduino的PWM输出控制集成电路的速度控制引脚，对应的运动情况见表8.4。

表8.4 速度控制引脚电压与电动机的状态

In1	In2	电动机状态
GND	GND	停止
5V	GND	向A方向运动
GND	5V	向B方向运动
5V	5V	停止

项目集成

从Arduino Sketchbook下载项目24的完整Sketch，并下载到主板（参见第1章）。

在给该项目加电之前要对连线进行仔细检查。可以通过连接与数字引脚5、引脚6和地相连的控制线，测试一下通过H桥的每一个通路。

LISTING PROJECT 24

```
// Project 24 - Hypnotizer

int enable1Pin = 11;
```

```
int in1Pin = 10;
int in2Pin = 9;

int speeds[] = {80, 100, 160, 240, 250, 255, 250, 240, 160, 100, 80,
-80, -100, -160, -240, -250, -255, -250, -240, -160, -100, -80};

int i = 0;

void setup()
{
  pinMode(enable1Pin, OUTPUT);
  pinMode(in1Pin, OUTPUT);
  pinMode(in2Pin, OUTPUT);
}

void loop()
{
  int speed = speeds[i];
  i++;
  if (i == 22)
  {
    i = 0;
  }
  drive(speed);
  delay(1500);
}

void drive(int speed)
{
  if (speed > 0)
  {
    analogWrite(enable1Pin, speed);
    digitalWrite(in1Pin, HIGH);
    digitalWrite(in2Pin, LOW);
  }
  else if (speed < 0)
  {
```

```
    analogWrite(enable1Pin, -speed);
    digitalWrite(in1Pin, LOW);
    digitalWrite(in2Pin, HIGH);
  }
```

如果控制线之一连接到5V，则电动机应该沿一个方向转动；如果将该控制线连接到地，然后将另一条控制线连接到5V，则电动机应该沿另一个方向转动。

舵　机

舵机是非常小的部件，经常用于无线遥控小车控制和模型飞机的操纵。舵机的大小因应用类型的不同而不同，其在模型中的广泛应用使得其价格相对便宜。

和常规电动机不同，舵机不是连续转动的；相反地，它利用PWM信号设置特定的角度。它利用自己的电子控制器完成这一功能，你要做的所有事情就是给它提供电源（对于许多设备而言都是5V）和控制信号——这可以从Arduino主板产生。

近年来，连接到舵机的接口都标准化了。舵机必须接收一个周期最大为20ms的连续脉冲串。舵机维持的角度由脉冲宽度（脉宽）控制。1.5ms的脉宽将会把舵机的角度设置到中点，或者90°。正常情况下，脉宽为1.75ms的脉冲将会使舵机转到180°，而脉宽为1.25ms的短脉冲会使舵机的角度为0°。

项目25——伺服激光枪

本项目（图8.13）利用两个舵机伺服一个激光二极管。快速地移动激光枪，就可以用它在遥远的墙上进行“书写”。

本项目所使用的元器件及器材见表8.5。

这是一个真实的激光枪，它的功率不大，只有3mW。不过，千万不要让自己或他人的眼睛对着它，否则将会导致视网膜损伤。

表8.5　元器件及器材

舵　机	描　述	附　录
	Arduino Uno 或 Leonardo	m1/m2
D1	3mW 红色激光二极管	s11
M1,M2	9g 舵机	h20
R1	100Ω，0.25W	r2
C1	100uF 电容	r3
	面包板	h1
	面包线	h2

图8.13 项目25：伺服激光枪

硬 件

该项目的原理图如图8.14所示，非常简单。舵机仅有3个引脚，棕色引脚接

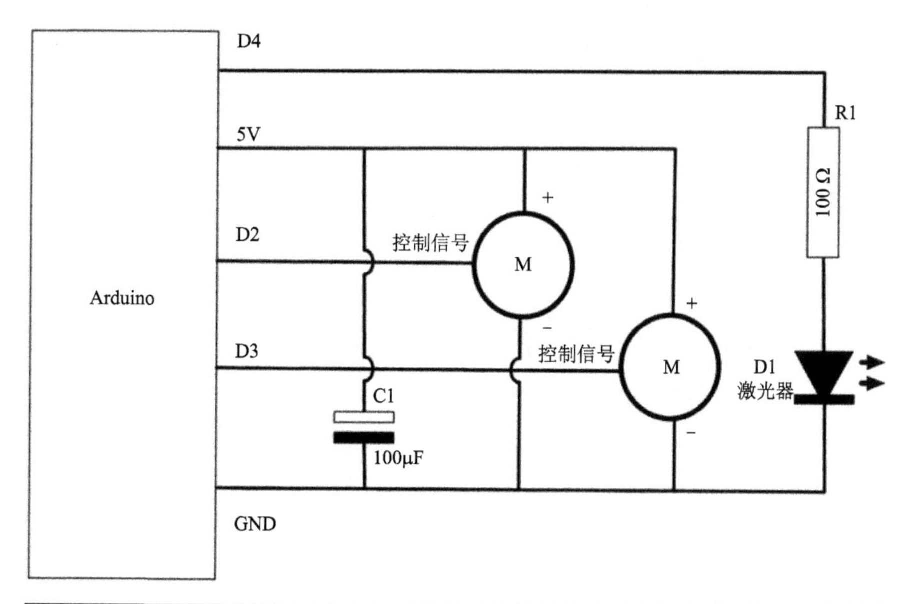

图8.14 项目25的原理图

地，红色引脚连接到+5V，橙色（控制）引脚连接到数字输出2和3。舵机的输出端子为与插针配对使用的排母，可用实心线将排母与面包板相连。

激光二极管的驱动方法与普通LED一样，可以从引脚D4经限流电阻实现。

舵机通常通过齿轮驱动机构装备有一组摆臂，并使用固定螺丝固定。先将舵机①用胶水粘在一个摆臂上（图8.15），然后将该摆臂连接到舵机②上。注意，先不要把固定螺丝拧紧，因为还需要对角度进行调整。将激光二极管粘到另一个摆臂上，并将其连接到舵机②上。建议固定激光器到摆臂的导线，以防止暴露在激光束下的导线老化。

图8.15 将舵机粘到摆臂上

现在，你所要做的事情就是将底部的舵机固定到外壳或者其他支承物体上。在将底部舵机粘到任何物体上之前，必须清楚舵机将要怎么动。否则就必须等到安装好软件并对项目进行试验之后再固定到位。

在图8.16中你可以看到连线方法。整个面包板上面除了电阻和电容外并没有其他零件。

不同的舵机消耗不同的电流强度。如果你发现舵机运行时Arduino会自动重启，那么请使用独立9V或者12V电源供电。

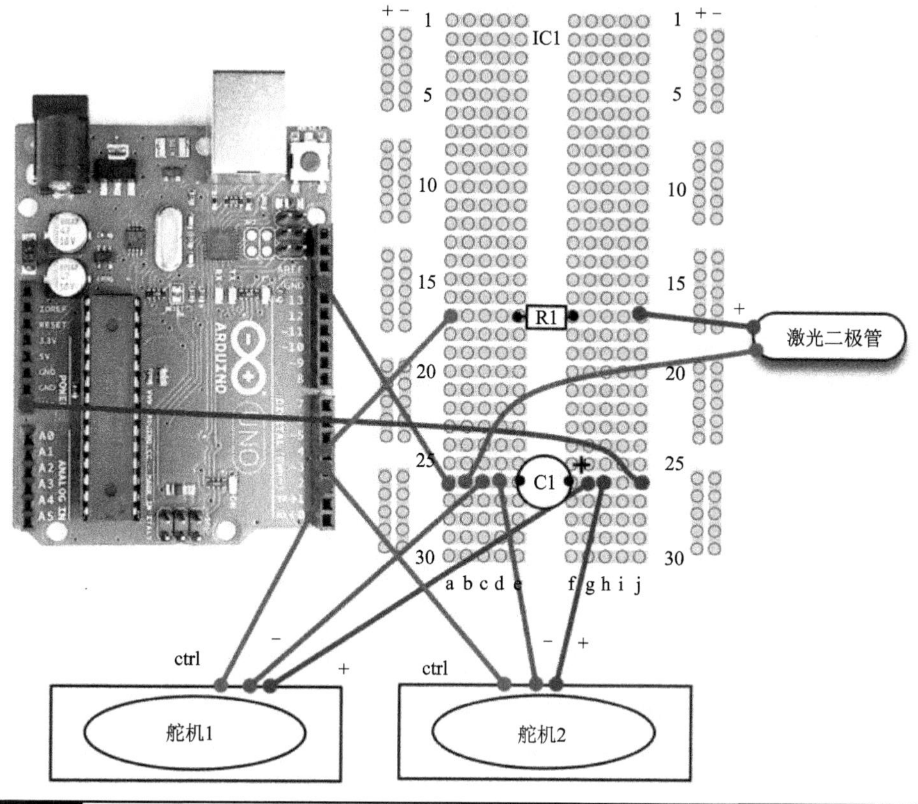

图8.16 项目25的面包板布局图

软　件

幸运的是，Arduino软件库中附带一个舵机库，因此你要做的所有事情就是确定将每个舵机分别设置到什么角度。当我们希望为这个项目指定一个用于引导激光的坐标时，很显然需要做的事会更多。

为了实现这一目标，我们要利用USB发送命令，命令是以字母形式构成的。命令R、L、U和D引导激光器向右、左、上、下方向分别移动5°。为了实现更精密的运动，命令r、l、u和d使激光器移动1°。为了暂停并使激光器完成移动，可以发送“——”（破折号）字符。

LISTING PROJECT 25

```
#include <Servo.h>
int laserPin = 4;
Servo servoV;
Servo servoH;

int x = 90;
int y = 90;
int minX = 10;
int maxX = 170;
int minY = 50;
int maxY = 130;

void setup()
{
  servoH.attach(3);
  servoV.attach(2);
  pinMode(laserPin, OUTPUT);
  Serial.begin(9600);
}

void loop()
{
  char ch;
  if (Serial.available())
  {
    ch = Serial.read();
    if (ch == '0')
    {
      digitalWrite(laserPin, LOW);
    }
    else if (ch == '1')
    {
      digitalWrite(laserPin, HIGH);
    }
    else if (ch == '-')
    {
      delay(100);
    }
```

```
    else if (ch == 'c')
    {
      x = 90;
      y = 90;
    }
    else if (ch == 'l' || ch == 'r' || ch == 'u' || ch == 'd')
    {
      moveLaser(ch, 1);
    }
    else if (ch == 'L' || ch == 'R' || ch == 'U' || ch == 'D')
    {
      moveLaser(ch, 5);
    }
  }
  servoH.write(x);
  servoV.write(y);
  delay(15);
}

void moveLaser(char dir, int amount)
{
  if ((dir == 'r' || dir == 'R') && x > minX)
  {
    x = x - amount;
  }
  else if ((dir == 'l' || dir == 'L') && x < maxX)
  {
    x = x + amount;
  }
  else if ((dir == 'u' || dir == 'U') && y < maxY)
  {
    y = y + amount;
  }
  else if ((dir == 'd' || dir == 'D') && x > minY)
  {
    y = y - amount;
  }
}
```

还有其他3个命令：命令c使激光器回到位于中心的静止位置，而命令1和0分别打开和关闭激光器。

项目集成

从Arduino Sketchbook下载项目25的完整Sketch，并将其下载到主板（参见第1章）。

打开Serial Monitor并键入以下字符串，应该见到图8.17所示的字符“A”的激光迹线：

```
C1UUUUUU-RRRR-DDDDDD-0UUU-1LLLL-0DDD
```

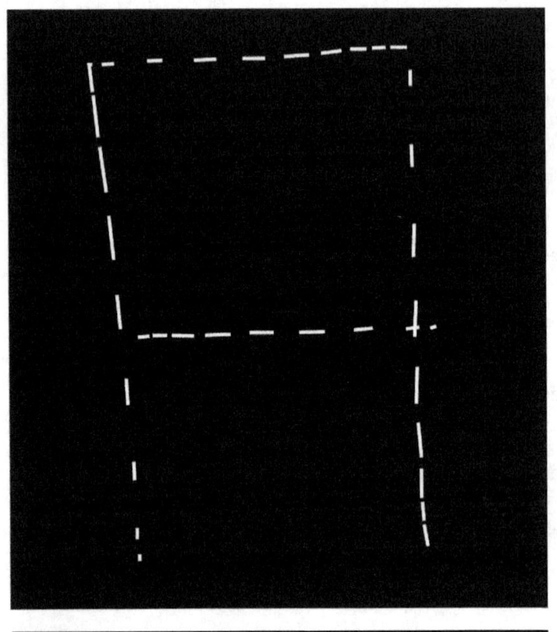

图8.17 用激光器书写字母“A”

小 结

在前面各章中，我们已经介绍了如何在Arduino上使用光、声和各种传感器。我们还学习了控制电动机功率的方法和继电器的使用方法，这些内容几乎覆盖了我们想利用Arduino主板完成的所有项目。因此在下一章中，我们将综合利用这些知识，创建一些范围更广的项目。

第9章 综合性项目

这一章，我们将研究非常有趣的Arduino综合性项目。这些项目并不能解决任何实际问题，仅仅是为了寻找使用Arduino进行创造的乐趣。

项目26——测谎仪

我们如何确定对方有没有说谎呢？答案是使用测谎仪。测谎仪（图9.1）根据的是皮肤电反应原理。当人紧张时，如说谎，他的皮肤电阻值就会增大。我们可以使用模拟输入引脚测量这个电阻值，通过LED和蜂鸣器来甄别谎言。

图9.1 项目26：测谎仪

警告 因为这个项目需要电流通过心脏，如果使用电源插座或者USB供电，而电源插座或者USB连接的计算机因质量问题而发生漏电的情况，漏电会通过Arduino传递到这个项目的金属触点上，从而对受试者造成伤害。当然，这在确保电器质量的情况下发生的可能性微乎其微，为了百分之百地避免这个可能性，请使用电池为本项目供电。

表9.1 元器件及器材

位号	描述	附录
	Arduino Uno 或 Leonardo	m1/m2
R1~R3	270Ω，0.25W 金属膜电阻	r3
R4	470kΩ，0.25W 金属膜电阻	r9
R5	10kΩ 可调电阻	r11
D1	RGB LED（共阳极）	s7
S1	蜂鸣器	h21
	图钉	
	面包板	h1
	面包线	h2

本项目所使用的元器件及器材见表9.1。

本项目使用RGB LED，红色表示谎言，绿色表示真实，蓝色表示测谎仪需要转动可变电阻进行调整。

压电陶瓷蜂鸣器有两种，一种仅仅是压电转换器，另一种除了压电转换器外还包括驱动它们的电子振荡器。在这个项目中，我们使用不带电子振荡器的压电陶瓷蜂鸣器，从Arduino本身产生需要的频率。

硬 件

利用以下方法对受试者的皮肤电阻值进行测试：受试者作为分压器的一个电阻，固定电阻是分压器的另一个电阻。受试者的阻值越低，模拟输入引脚0被拉高到越接近5V；电阻越高，模拟输入引脚则越接近GND。

压电陶瓷蜂鸣器尽管有噪声，但电流消耗很小，并且能够通过Arduino数字引脚直接驱动。

这个项目和项目14使用同样的RGB LED。然而即便如此，我们也不能将不同颜色混合起来，而是每次只接通一个LED来显示红、绿或者蓝。

图9.2是本项目的原理图，图9.3所示是面包板布局图。

可变电阻用来调整设定点的电阻，触摸板是插入面包板的两个金属图钉。

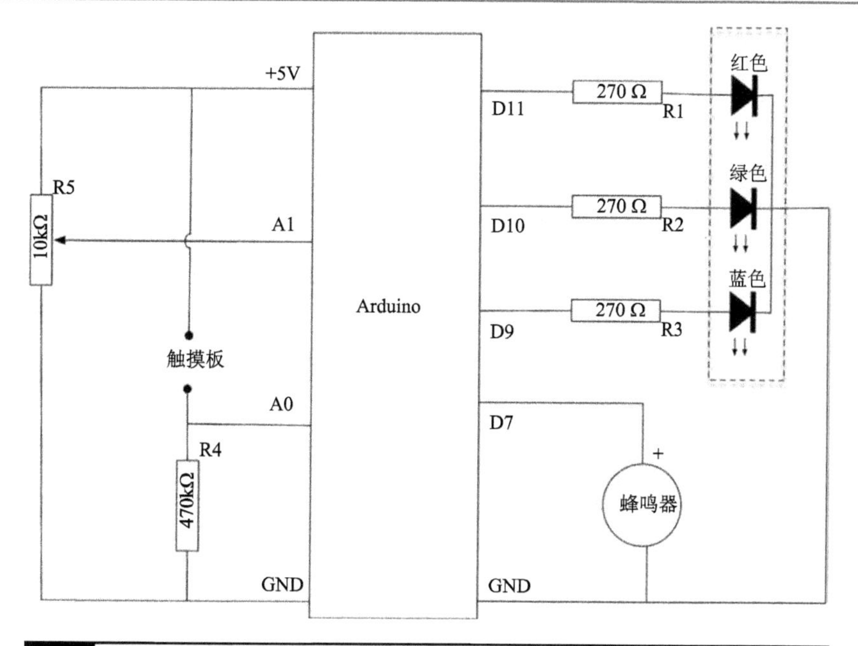

图9.2 项目26的原理图

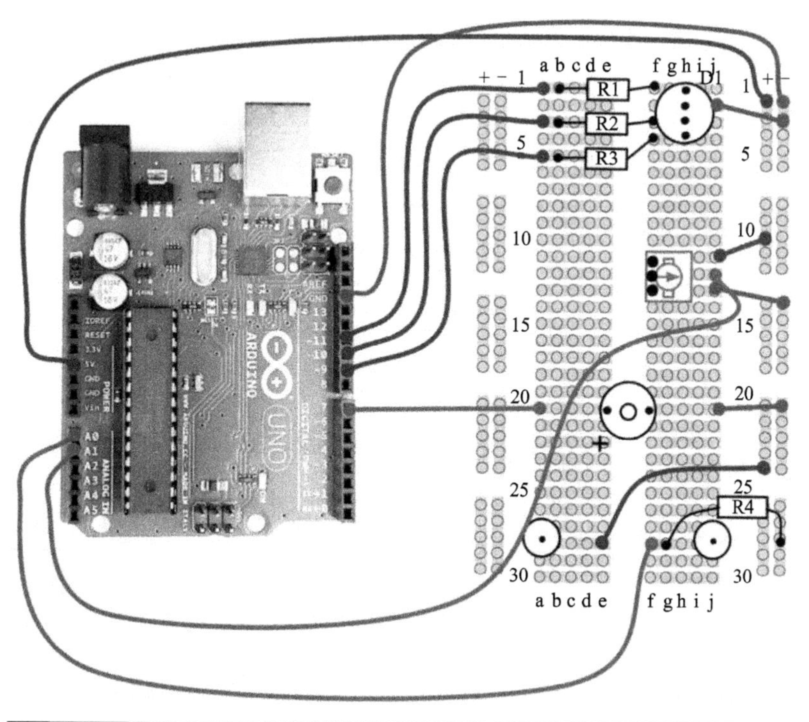

图9.3 项目26的面包板布局图

软 件

这个项目的软件脚本只需要比较A0和A1的电压。如果电压相同，LED显示绿色；如果手指传感器A0的电压明显高于A1，LED变成红色，显示皮肤电阻下降，蜂鸣器报警；反之，如果A0的电压明显低于A1，LED变成蓝色，显示皮肤电阻升高。

蜂鸣器的驱动频率大约为5kHz。我们可以通过简单的循环命令来实现：将适当的引脚接通和断开，并在引脚通断中间插入延时。

LISTING PROJECT 26

```
int redPin = 11; // todo paste in modifide sketch
int greenPin = 10;
int bluePin = 9;
int buzzerPin = 7;

int potPin = 1;
int sensorPin = 0;

long red = 0xFF0000;
long green = 0x00FF00;
long blue = 0x000080;
int band = 10;
  // adjust for sensitivity

void setup()
{
  pinMode(redPin, OUTPUT);
  pinMode(greenPin, OUTPUT);
  pinMode(bluePin, OUTPUT);
  pinMode(buzzerPin, OUTPUT);
}

void loop()
{
  int gsr = analogRead(sensorPin);
```

```
  int pot = analogRead(potPin);
  if (gsr > pot + band)
  {
    setColor(red);
    beep();
  }
  else if (gsr < pot - band)
  {
    setColor(blue);
  }
  else
  {
    setColor(green);
  }
}

void setColor(long rgb)
{
  int red = rgb >> 16;
  int green = (rgb >> 8) & 0xFF;
  int blue = rgb & 0xFF;
  analogWrite(redPin, red);
  analogWrite(greenPin, green);
  analogWrite(bluePin, blue);
}

void beep()
{
  // 5 khz for 1/5th second
  for (int i = 0; i < 1000; i++)
  {
    digitalWrite(buzzerPin, HIGH);
    delayMicroseconds(100);
    digitalWrite(buzzerPin, LOW);
    delayMicroseconds(100);
  }
}
```

项目集成

从Arduino Sketchbook下载项目26的完整Sketch，并把它下载到主板（参见第1章）。

测试测谎仪需要一个测试对象，而你还需要腾出一只手调节旋钮。

首先把邻近手指分别按在两个金属图钉上，然后调节可变电阻器旋钮，直到LED变绿。

现在你可以进行询问，如果LED发红色光或蓝色光，可以调节旋钮直到它变绿后继续询问。

项目27——磁力门锁

此项目（图9.4）以项目10为基础，是项目10的延伸。输入密码后，绿色LED亮起，磁力门锁工作。本项目对Sketch进行了改进，这样我们无需修改源代码就能修改密码。密码存储在EEPROM上，即使断电，密码也不会丢失。

图9.4 项目27：磁力门锁

接通电源后，电磁铁就会释放闩锁机构，使得门可以打开。断电后，闩锁保持闭合。

本项目所使用的元器件及器材见表9.2。

直流电源必须提供足够大的输出电流来激活闩锁。所以，当你购买直流电源时请先检查手中闩锁的属性。通常情况下，具有2A最大输出电流的电源比较合适。

需要注意的是，这种闩锁设计为只打开几秒钟，允许门打开。

表9.2　元器件及器材

位　号	描　述	附　录
	Arduino Uno 或 Leonardo	m1/m2
D1	红色5mm LED	s1
D2	绿色5mm LED	s2
R1，R2	270Ω，0.5W金属膜电阻	r3
K1	4×3 键盘	h11
	2.54mm 间距排针	h12
T1	FQP30N06 晶体管	s16
	磁力门锁	h23
D3	1N4004	38
	面包板	h1
	面包线	h2
	12V，2A 直流电源适配器	h7

硬　件

本项目的原理图（图9.5）和面包板布局图（图9.6）除了一些附加元器件外，和项目10大致相同。像继电器一样，电磁铁是感性负载，因此容易产生反向电动势，二极管D3可以消除这种反向电动势。

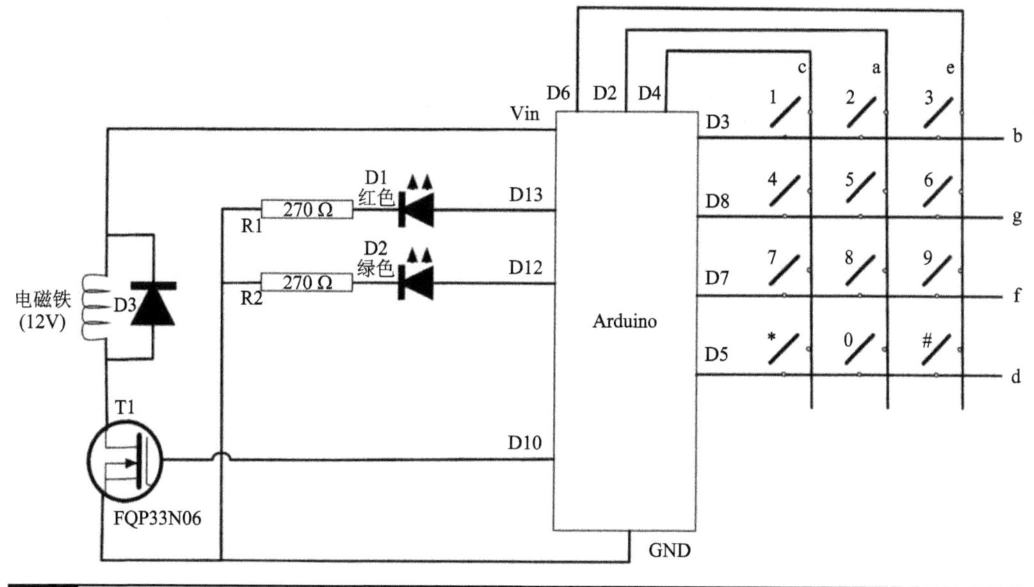

图9.5　项目27的原理图

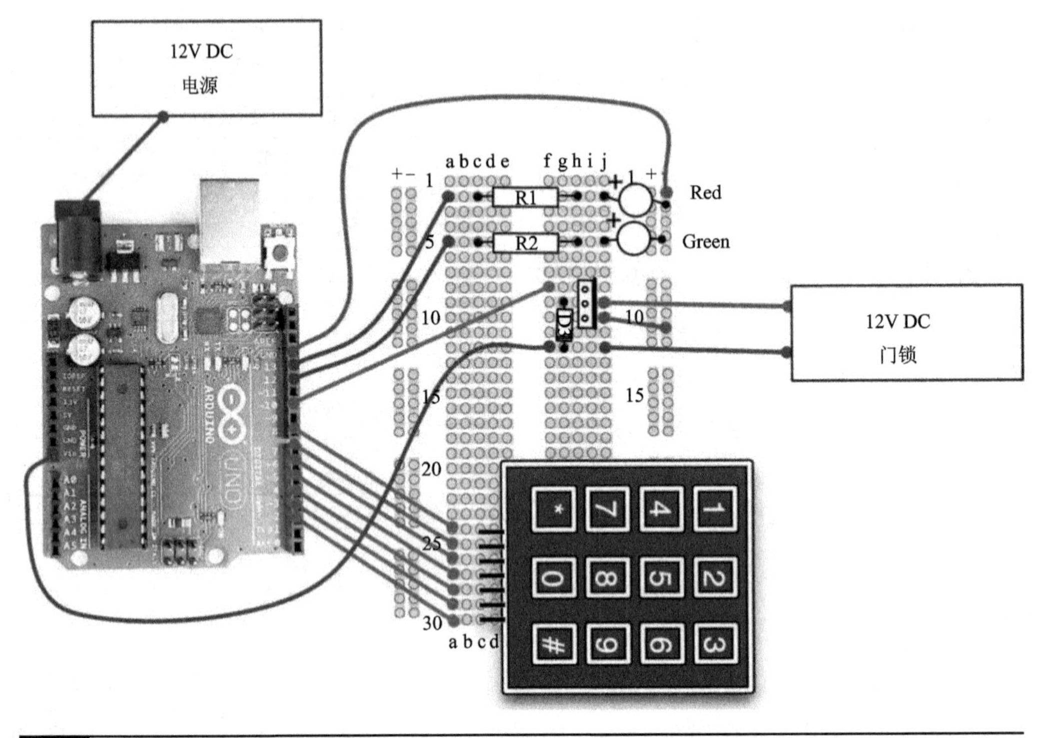

图9.6 项目27的面包板布局图

闩锁由T1控制，工作电压为12V。因为项目需要使用12V电源，所以，我们可以在Arduino的Vin引脚上取得。

软 件

正如预料的那样，本项目的Sketch部分和项目10类似。

LISTING PROJECT 27

```
// Project 27 Keypad door lock

#include <Keypad.h>
#include <EEPROM.h>

char* secretCode = "1234";
int position = 0;
```

```
const byte rows = 4;
const byte cols = 3;
char keys[rows][cols] = {
  {'1','2','3'},
  {'4','5','6'},
  {'7','8','9'},
  {'*','0','#'}
};
byte rowPins[rows] = {7, 2, 3, 5};
byte colPins[cols] = {6, 8, 4};
Keypad keypad =
Keypad(makeKeymap(keys), rowPins, colPins, rows, cols);

int redPin = 13;
int greenPin = 12;
int solenoidPin = 10;

void setup()
{
  pinMode(redPin, OUTPUT);
  pinMode(greenPin, OUTPUT);
  pinMode(solenoidPin, OUTPUT);
  loadCode();
  flash();
  lock();
  Serial.begin(9600);
  while(!Serial);
  Serial.print("Code is: ");
  Serial.println(secretCode);
  Serial.println("Change code: cNNNN");
  Serial.println("Unloack: u");
  Serial.println("Lock: l");
}

void loop()
{
  if (Serial.available())
```

```
  {
    char c = Serial.read();
    if (c == 'u')
    {
      unlock();
    }
    if (c == 'l')
    {
      lock();
    }
    if (c == 'c')
    {
      getNewCode();
    }
  }
  char key = keypad.getKey();
  if (key == '#')
  {
    lock();
  }
  if (key == secretCode[position])
  {
    position ++;
  }
  else if (key != 0)
  {
    lock();
  }
  if (position == 4)
  {
    unlock();
  }
  delay(100);
}

void lock()
{
  position = 0;
```

```
  digitalWrite(redPin, HIGH);
  digitalWrite(greenPin, LOW);
  digitalWrite(solenoidPin, LOW);
  Serial.println( “LOCKED” );
}

void unlock()
{
  digitalWrite(redPin, LOW);
  digitalWrite(greenPin, HIGH);
  digitalWrite(solenoidPin, HIGH);
  Serial.println("UN-LOCKED");
  delay(5000);
  lock();
}

void getNewCode()
{
  for (int i = 0; i < 4; i++ )
  {
    char ch = Serial.read();
    secretCode[i] = ch;
  }
  saveCode();
  flash();flash();
  Serial.print("Code changed to: ");
  Serial.println(secretCode);
}

void loadCode()
{
  if (EEPROM.read(0) == 1)
  {
    secretCode[0] = EEPROM.read(1);
    secretCode[1] = EEPROM.read(2);
    secretCode[2] = EEPROM.read(3);
    secretCode[3] = EEPROM.read(4);
  }
}
```

```
void saveCode()
{
  EEPROM.write(1, secretCode[0]);
  EEPROM.write(2, secretCode[1]);
  EEPROM.write(3, secretCode[2]);
  EEPROM.write(4, secretCode[3]);
  EEPROM.write(0, 1);
}

void flash()
{
  digitalWrite(redPin, HIGH);
  digitalWrite(greenPin, HIGH);
  delay(500);
  digitalWrite(redPin, LOW);
  digitalWrite(greenPin, LOW);
}
```

尽管这个项目通过外部电源适配器供电，不过你仍旧可以将USB连接到计算机，然后通过USB连接向Arduino发送命令，从而实现门锁的开闭。

我们在setup函数中编写一些语句，以便实现通过Serial Monitor完成密码修改工作。它同时还能够告诉你当前的密码是什么（图9.7）。

而loop循环有两个部分。首先，它接收任何来自于串口的命令，然后检查键盘的按下情况。

每当有按键按下时，如果符合对应密码的字符，那么计数器就会增加，当计数器增加到了4的时候，门锁解锁。

由于每个字符只有一个字节的长度，所以密码可以直接储存在EEPROM里。我们首先使用EEPROM里面的第一个字节来储存密码是否已经设定这个状态。如果没有设定，那么默认的密码就是1234；一旦密码设定完毕，那么EEPROM中的第一个字节就会变成1。如果我们不这么做，那么在初始的情况下，EEPROM中储存的就会变成随机值（即我们无法获得初始密码）。

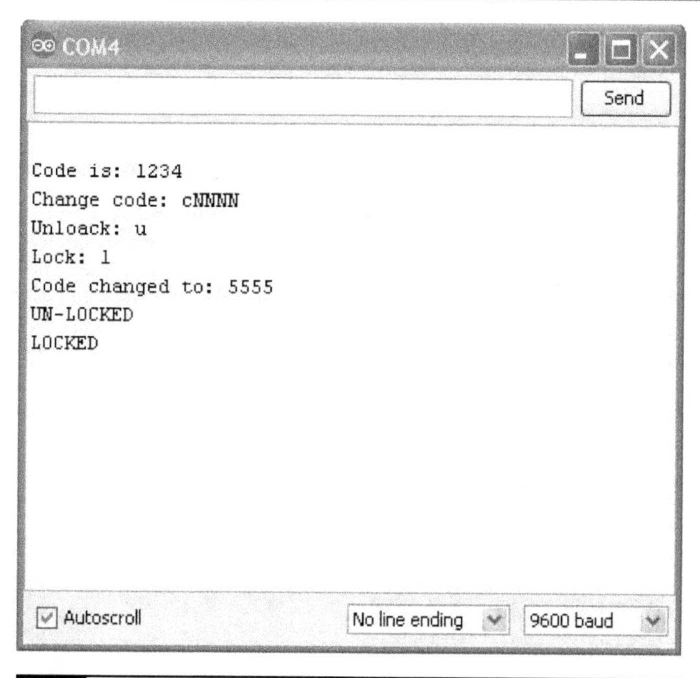

图9.7 使用Serial Monitor对闩锁进行控制

项目集成

从Arduino Sketchbook下载项目27的完整Sketch，并把它下载到主板（参见第1章）。

首先保证上电后每一部分都能正常工作，然后输入密码1234，绿色LED应该变亮，闩锁释放。

项目28——红外遥控器

该项目（图9.8）允许创客直接使用红外遥控器从计算机控制任何室内设备。有了它，你可以通过现有的遥控器记录红外信息，然后在计算机上回放这些操作信息。

图9.8　项目28：红外遥控器

表9.3　元器件及器材

位　号	描　述	附　录
	Arduino Uno 或 Leonardo	m1/m2
R1	10Ω，0.25W 金属膜电阻	r14
R2	270Ω，0.25W 金属膜电阻	r3
T1	2N2222 晶体管	s14
D1	红外发射器LED	s20
IC1	红外遥控接收器	s21
	面包板	h1
	面包线	h2

本项目所使用的元器件及器材见表9.3。

我们使用EEPROM内存存储遥控代码，所以即使Arduino主板断电，代码也不会丢失。

硬　件

红外遥控器是一个非常简单的Sketch，它连接了一个红外光电二极管，并且带有从红外信息产生数字输出的所有放大、滤波和平滑功能，这个输出反馈到数字引脚9。图9.9所示的原理图表明了这个硬件是多么简单，只需要3个引脚：GND、+V和输出信号。

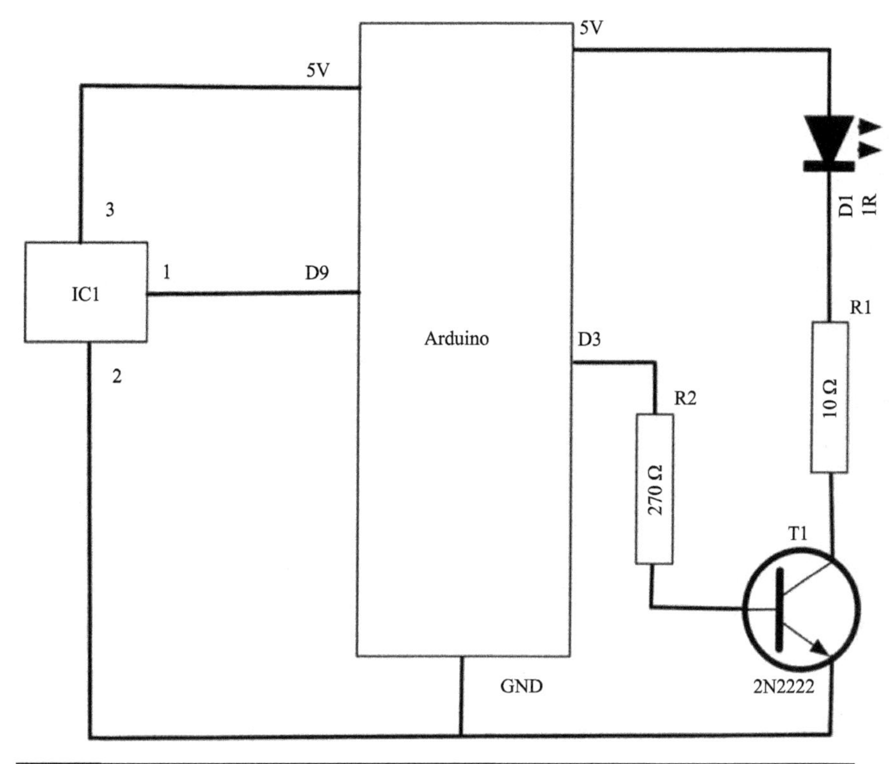

图9.9 项目28的原理图

红外发射器是一个红外LED，其工作方式类似于普通红色LED，但是它工作在肉眼无法看到的红外频谱端。不过，如果使用手机上的摄像头对准红外线发射器，你也许可以在屏幕上面看到它在发光，这是因为手机的摄像头的光线传感范围正好有一部分在红外线范围内。

为了驱动红外发射器LED，你可以直接使用主板上的输入/输出引脚，并为此配上270Ω限流电阻；当然，这类元器件的设计工作电流为100mA(这是普通LED的5倍电流)。所以，如果我们这么做，将会使得红外LED的发光强度变得有限。如果要获得红外LED的最大发光效果，我们就必须借助晶体管进行间接控制，并采用更低的限流电阻。

图9.10所示是该项目的面包板布局图。

在面包板上面进行电路搭建的时候请注意，大部分红外LED遵从普通LED的引脚定义：较短的引脚通常是负极（阴极）。建议在进行连接之前先查看你手头的LED数据手册。

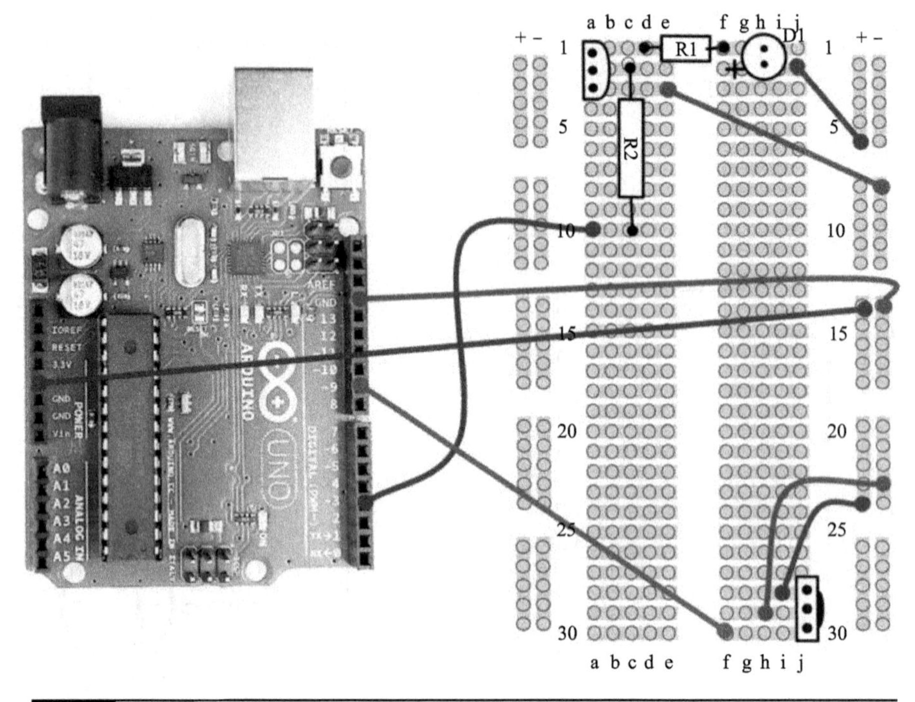

图9.10 项目28的面包板布局图

软　件

这个Sketch会将别的红外遥控器所发射的信号记录到其10个储存区间内，然后在你需要时将其调取出来并发送出去。

LISTING PROJECT 28

```
// Project 28 - IR Remote
#include <EEPROM.h>

#define maxMessageSize 100
#define numSlots 9

int irRxPin = 9;
int irTxPin = 3;

int currentCode = 0;
int buffer[maxMessageSize];
```

```
void setup()
{
  Serial.begin(9600);
  Serial.println("0-9 to set code memory, l - learn, s - to send");
  pinMode(irRxPin, INPUT);
  pinMode(irTxPin, OUTPUT);
  setCodeMemory(0);
}

void loop()
{
  if (Serial.available())
  {
    char ch = Serial.read();
    if (ch >= '0' && ch <= '9')
    {
      setCodeMemory(ch - '0');
    }
    else if (ch == 's')
    {
      sendIR();
    }
    else if (ch == 'l')
    {
      int codeLen = readCode();
      Serial.print("Read code length: "); Serial.println(codeLen);
      storeCode(codeLen);
    }
  }
}

void setCodeMemory(int x)
{
  currentCode = x;
  Serial.print("Set current code memory to: ");
  Serial.println(currentCode);
}
```

```
void storeCode(int codeLen)
{
  // write the code to EEPROM, first byte is length
  int startIndex = currentCode * maxMessageSize;
  EEPROM.write(startIndex, (unsigned byte)codeLen);
  for (int i = 0; i < codeLen; i++)
  {
      EEPROM.write(startIndex + i + 1, buffer[i]);
  }
}

void sendIR()
{
  // construct a buffer from the saved data in EEPROM and send it
  int startIndex = currentCode * maxMessageSize;
  int len = EEPROM.read(startIndex);
  Serial.print("Sending Code for memory "); Serial.print(currentCode);
  Serial.print(" len="); Serial.println(len);
  if (len > 0 && len < maxMessageSize)
  {
    for (int i = 0; i < len; i++)
    {
      buffer[i] = EEPROM.read(startIndex + i + 1);
    }
    sendCode(len);
  }
}

void sendCode(int n)
{
  for (int i = 0; i < 3; i++)
  {
  writeCode(n);
  delay(90);
  }
}

int readCode()
```

```
{
  int i = 0;
  unsigned long startTime;
  unsigned long endTime;
  unsigned long lowDuration = 0;
  unsigned long highDuration = 0;
  while(digitalRead(irRxPin) == HIGH) {}; // wait for first pulse
  while(highDuration < 5000l)
  {
    // find low duration
    startTime = micros();
    while(digitalRead(irRxPin) == LOW) {};
    endTime = micros();
    lowDuration = endTime - startTime;
    if (lowDuration < 5000l)
    {
      buffer[i] = (byte)(lowDuration >> 4);
      i ++;
    }
    // find the high duration
    startTime = micros();
    while(digitalRead(irRxPin) == HIGH) {};
    endTime = micros();
    highDuration = endTime - startTime;
    if (highDuration < 5000l)
    {
      buffer[i] = (byte)(highDuration >> 4);
      i ++;
    }
  }
  return i;
}
void writeCode(int n)
{
  int state = 0;
  unsigned long duration = 0;
  int i = 0;
  while (i < n)
```

```
    {
        duration = buffer[i] << 4;
        int cycles = duration / 14;
        if ( ! (i % 2))
        {
          for (int x = 0; x < cycles; x++)
          {
            state = ! state;
            digitalWrite(irTxPin, state);
            delayMicroseconds(10); // less than 12 to adjust for other
                                      instructions
          }
          digitalWrite(irTxPin, LOW);
        }
        else
        {
          digitalWrite(irTxPin, LOW);
          delayMicroseconds(duration);
        }
        i ++;
    }
  }
```

红外遥控器发送一系列频率在36～40kHz之间的脉冲。图9.11显示的是示波器上的波形。

二进制值1表示36～40kHz的一个矩形脉冲，0表示没有矩形脉冲发出。

在setup函数中，我们开始串行通信，使用项目的指令写入Serial Console，以此使用红外遥控器，也就是在Serial Console中开始控制遥控器。我们把目前代码存储数量设为0。

loop函数使用同样的模式检测任何通过USB接口的输入。如果是0～9之间的数字，它把相应内存映射为当前内存。如果从Serial Monitor接收到字符“s”，则发送信息到当前信息内存。如果当前内存信息为1，那么Sketch就会等待别的红外遥控器发送来的红外信号。

随后，该函数检测是否接收到红外信号，如果是，就使用storeCode函数把

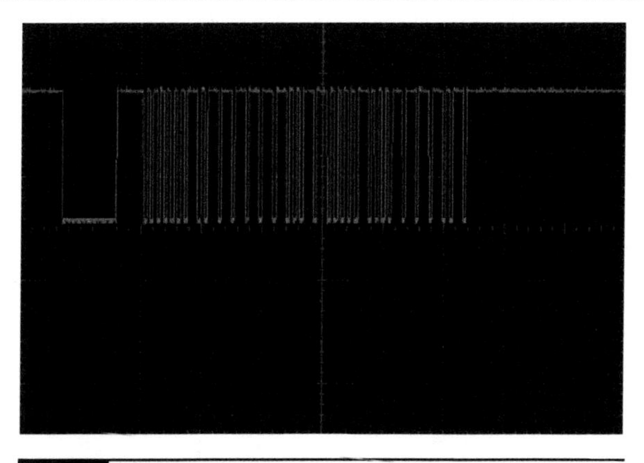

图9.11 示波器显示的红外码

它记录在EEPRPOM中。在第一个字节保存码长度，接下来以字节形式保存脉冲序列，每次存储脉冲序列的时间为50ms。

访问EEPROM时，我们也在storeCode和sendIR函数中使用一种有趣的技术，在信息存储时可以像使用数组一样访问它。从EEPROM上记录和读取数据的起始点可以用currentCode加上每个码的长度（加它的字节长度）计算出来。

项目集成

从Arduino Sketchbook下载项目28的完整Sketch，并把它下载到主板（参见第1章）。

为了测试这个项目，你首先需要找到一个遥控器及其可以控制的设备，然后启动该项目。

打开Serial Monitor，你将看到下面的信息：

```
0-9 to set code memory,
    s - to send
Set current code memory to: 0
```

在默认情况下，我们捕捉到的任何信息都记录到内存0。将遥控器对准遥控对象，按下按钮（开机或者弹出DVD播放器上的托盘都是熟悉的动作），这时你将看到如下信息：

```
Saved code, length:67
```

现在指向设备上的红外LED，并且输入“s”到Serial Monitor，你将收到下面一条信息：

```
Send code length:67
```

更重要的是，这个设备上的响应和Arduino主板上的信息一致。

现在你可以通过输入不同的数字到Serial Monitor，并且记录各种不同的红外命令来尝试改变使用的内存槽。

注意，对于同样的设备为什么要这样是没有原因的。

项目29——Lilypad时钟

Arduino Lilypad和Uno或者Leonardo主板的工作方式相同，但使用的不是枯燥的矩形电路板。Lilypad使用的是圆形电路板，并且可以通过导线缝制在衣服上。即使创客看到它，也要叹为观止。本项目嵌入相框中展示（图9.12），用磁簧开关调整时间。

本项目所使用的元器件及器材见表9.4。

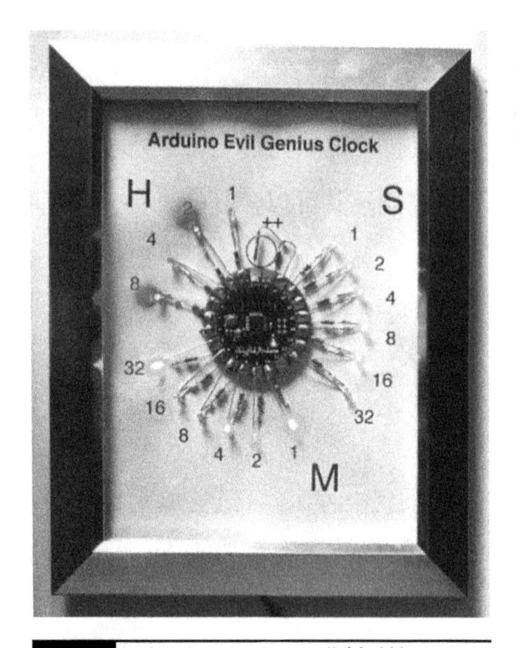

图9.12 项目29：Lilypad二进制时钟

表9.4 元器件及器材

位 号	描 述	附 录
	Arduino Lilypad 及USB 编程器	m3
R1~R16	100 Ω，0.25W 电阻	r2
D1~D4	2mm红色LED	s4
D5~D10	2mm蓝色LED	s6
D11~D16	2mm绿色LED	s5
R17	100kΩ，0.25W金属膜电阻	r8
S1	微型磁簧开关	h22
	7 × 5in相框	
	5V 电源适配器	h6

本项目需要用到烙铁。

硬　件

本项目中，Lilypad上几乎所有的引脚都接有LED和串联电阻。

磁簧开关是个有用的小部件，是密封在玻璃罩内的一对开关触点。当磁铁靠近开关时，触点吸到一起，开关闭合。

为了让整个项目能够安在玻璃相框内，我们使用磁簧开关代替普通开关。可以用磁铁靠近开关来调节时间。

图9.13是该项目的原理图。

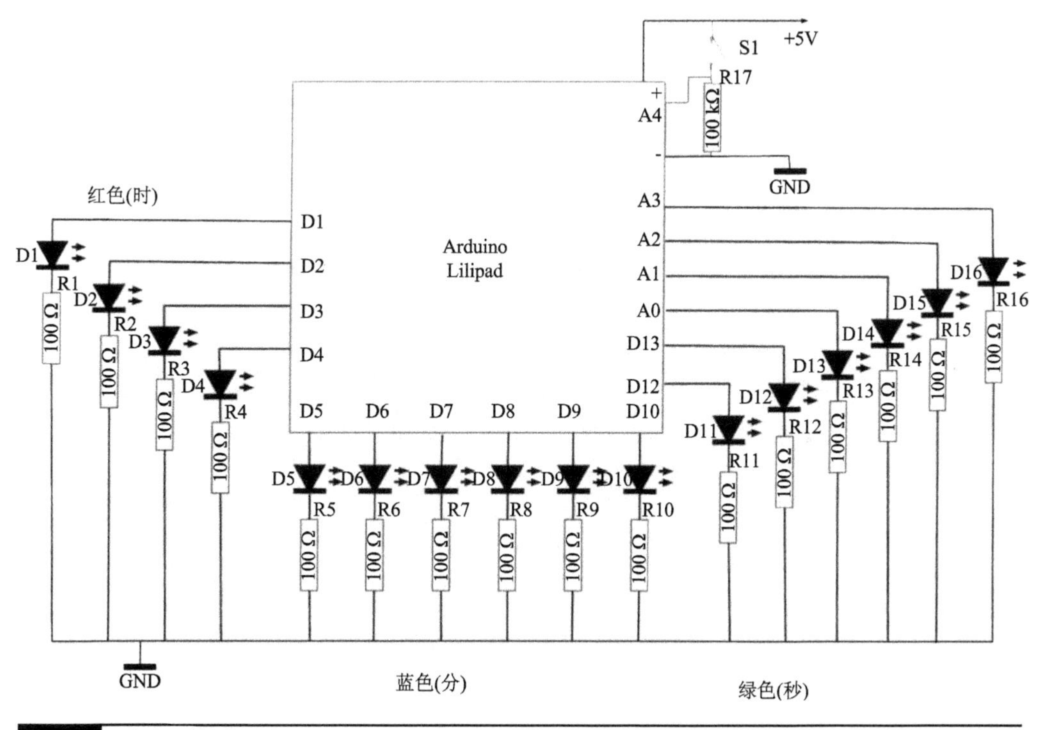

图9.13　项目29的原理图

每个LED负极（短引脚）都焊接了电阻。正极焊接到Arduino Lilypad引脚，电阻的引脚经过背面连接到所有其他电阻的引脚。

LED和电阻的放大图如图9.14所示，背面的引脚连线如图9.15所示。注意，粗糙的纸盘能够将电路板的背面与焊接的电阻引线隔离。

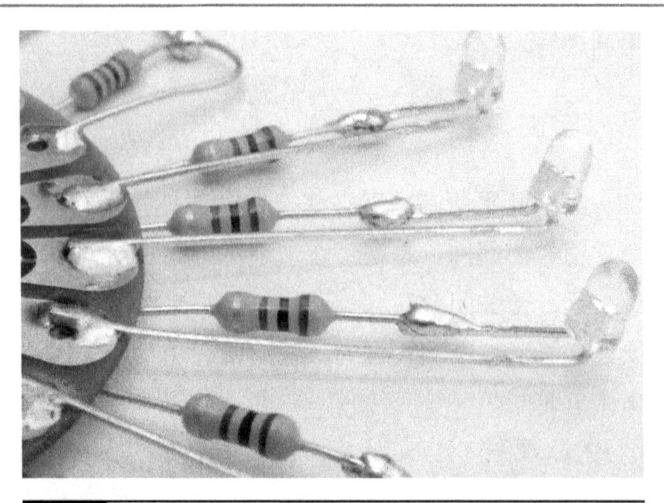

图9.14　LED和电阻的局部放大图

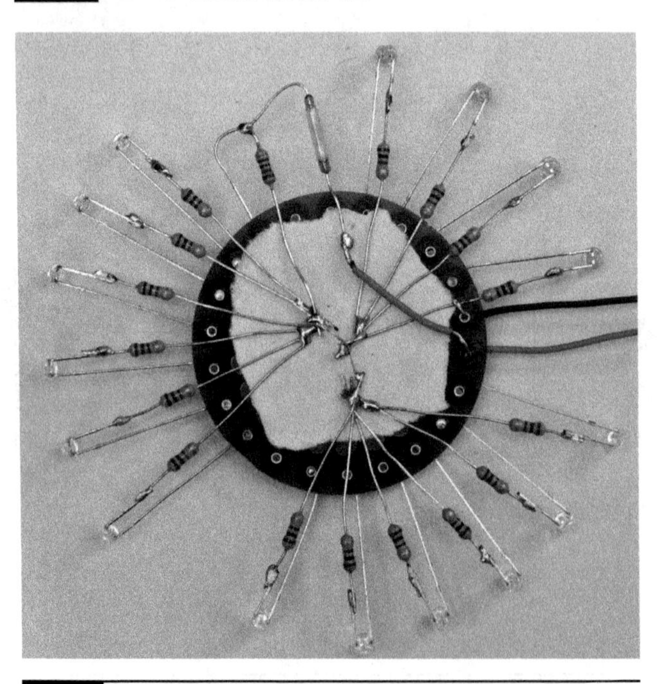

图9.15　Lilypad的背面

项目使用5V电源供电。当所有LED都点亮时消耗的电流很大，这时电池持续时间不长。电源线从相框的一侧引出，并焊接到连接器上。

作者使用的是一个闲置的手机电源。为了保证测试，你应该使用能提供5V、至少500mA的电源。可以使用万用表确定电源的极性。

软　件

对 Lilypad 进行编程和对Uno 或者Leonardo进行编程略微有些不同。Lilypad 主板并未内置USB接口，所以你需要一块特殊的USB编程器来编程。

当你将USB编程器正确地和Lilypad进行连接并插到计算机上时， Windows操作系统会弹出“发现新硬件”的对话框。在这种情况下，我们需要选择“自定义安装”，然后在指定驱动路径时到Arduino IDE中的Drivers文件夹中选择“FTDI USB Drivers”。随后，一路点击“下一步”即可。

图9.16 展示了将USB编程器连接到Lilypad之后的效果。

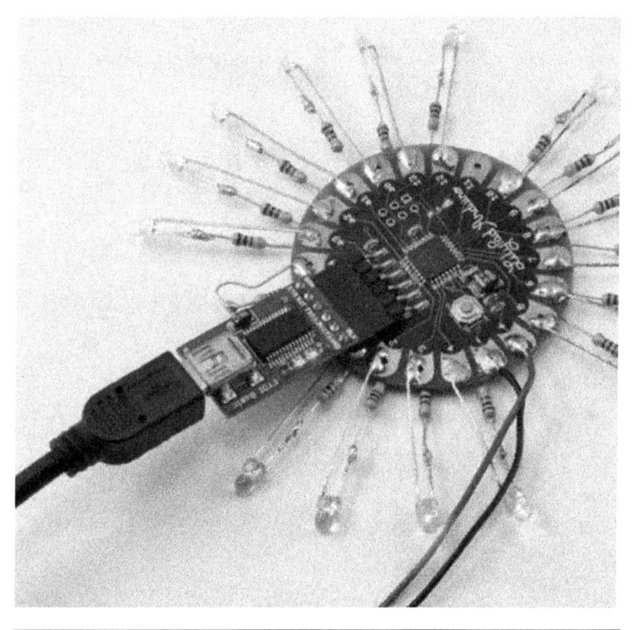

图9.16 将USB 编程器连接到Lilypad上

对于Mac和Linux操作系统而言，你同样可以在Drivers文件夹中找到对应的USB驱动。有些时候你会发现，貌似系统原本就集成了驱动，插上就能用。

这是我们利用库做的另一个项目。这个库使时间的处理更容易，我们可以从*www.arduino.cc/playground/Code/Time*下载。

下载文件*Time.zip*并且解压。如果你使用的是Windows系统，右击并选择解压所有，然后保存整个目录到Arduino IDE的Libraries文件夹中。

一旦将这个库安装到Arduino路径中，我们就能在任何Sketch中使用它。

LISTING PROJECT 29

```
#include <Time.h>

int hourLEDs[] = {1, 2, 3, 4};
  // least significant bit first
int minuteLEDs[] = {10, 9, 8, 7, 6, 5};
int secondLEDs[] = {17, 16, 15, 14, 13, 12};

int loopLEDs[] = {17, 16, 15, 14, 13, 12, 10, 9, 8, 7, 6, 5, 4, 3, 2, 1};

int switchPin = 18;

void setup()
{
  for (int i = 0; i < 4; i++)
  {
    pinMode(hourLEDs[i], OUTPUT);
  }
  for (int i = 0; i < 6; i++)
  {
    pinMode(minuteLEDs[i], OUTPUT);
  }
  for (int i = 0; i < 6; i++)
  {
    pinMode(secondLEDs[i], OUTPUT);
  }
  setTime(0);
}

void loop()
{
  if (digitalRead(switchPin))
  {
    adjustTime(1);
  }
```

```
  else if (minute() == 0 && second() == 0)
    {
      spin(hour());
    }
    updateDisplay();
    delay(1);
  }

void updateDisplay()
{
  time_t t = now();
  setOutput(hourLEDs, 4, hourFormat12(t));
  setOutput(minuteLEDs, 6, minute(t));
  setOutput(secondLEDs, 6, second(t));
}

void setOutput(int *ledArray, int numLEDs, int value)
{
    for (int i = 0; i < numLEDs; i++)
    {
    digitalWrite(ledArray[i], bitRead(value, i));
    }
}

void spin(int count)
{
  for (int i = 0; i < count; i++)
  {
      for (int j = 0; j < 16; j++)
      {
        digitalWrite(loopLEDs[j], HIGH);
        delay(50);
        digitalWrite(loopLEDs[j], LOW);
      }
  }
}
```

数组用来表示LED的不同设置。这可以简化安装，并且也在setOutput函数里面。这个函数用来设置LED数组的二进制值以显示，也接收用于数组长度的参数值并写入。在loop函数里面，可以依次设置表示时、分、秒的LED。像这样把一个数组传递到一个函数里面时，必须在函数定义中的参数前使用“*”前缀。

这个时钟的另一个特点是，每个小时的整点它都会快速轮流点亮LED。例如，6点时，LED将轮流循环点亮6次，然后恢复到正常模式。

如果磁簧开关被激活，则adjustTime函数被调用，并且传递1s的参数。由于在loop函数里面带有1ms延迟，因此能很快执行完几秒钟的延时。

项目集成

从Arduino Sketchbook下载项目29的完整Sketch，并把它下载到主板（参见第1章）。在Lilypad上，和我们曾经采用的方式略有不同。你可能需要选择不同的主板类型（Lilypad 328），串口也需要根据实际的串口号做好选择。

将项目组装起来，但在把本项目整合进相框前，最好将它通过USB和计算机连接起来进行事先测试。

尽量找那种可以插入极厚照片的相框，这样在背板和玻璃板之间才能够有足够的间隙插入元器件。

你可以设计一张插入的纸，在纸上为每个LED做出时间标记，这样可以更方便地显示时间。在*www.arduinoevilgenius.com*上可以找到合适的设计。

为了从时钟上读取时间，需要依次检查每一部分（时、分、秒），并且把这些值写在点亮的LED旁边。这样，如果8和2旁边表示小时的LED亮了，就是10点，对于分和秒也是同样的。

项目30——倒计时定时器

很多关于创客的书都会提到邦德式倒计时定时器（图9.17）。这个定时器的定时时间是煮蛋定时器的两倍，因为没有什么比把半熟的鸡蛋煮老了更让人恼火了。

本项目所使用的元器件及器材见表9.5。

图9.17 项目30：倒计时定时器

表9.5 元器件及器材

描 述	附 录
Arduino Uno 或 Leonardo	m1/m2
I^2C 4位数码管模块，七段显示器	m7
旋转编码器	h13
压变蜂鸣器	h21
面包板	h1
面包线	h2

硬 件

本项目和项目16类似，多了一个I^2C的4位数码管模块。

本项目的原理图如图9.18所示，面包板布局如图9.19所示。

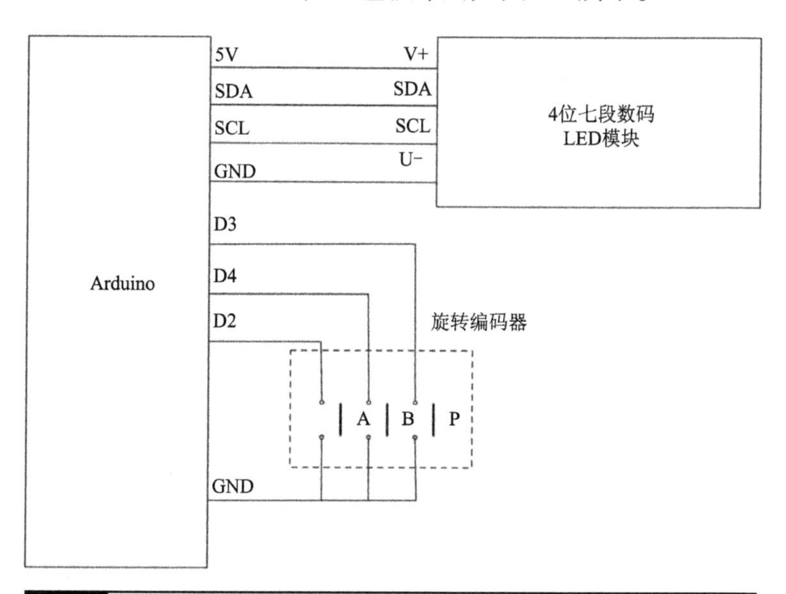

图9.18 项目30的原理图

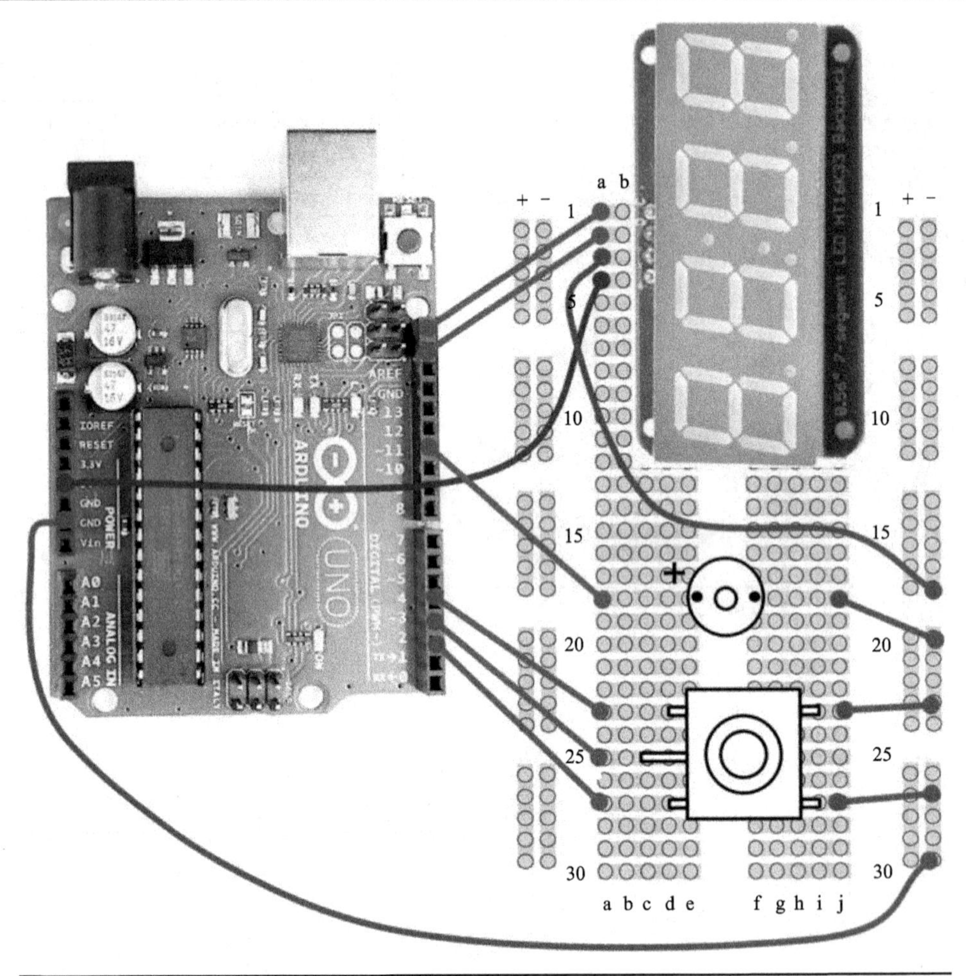

图9.19 项目30的面包板布局图

软 件

本项目的Sketch使用了和项目16同样的库函数。所以，如果你还未安装时间库函数，请参照第6章的信息完成库函数的安装。

我们并未采用旋转编码器一圈就调整1s的方法，而是采用数组来分别储存标准的煮蛋时长选择。这个数组可以进行编辑和扩展，如果要自定义一个时长，你还需要对`numTimes`参数进行修改。

为了持续地跟踪时间，函数`updateCountingTime`会检查时间的流逝是否超过了1s，如果流逝的时间超过了1s，那么它就会认为时间已经过去了1s。当倒计时秒针归零时，分钟时长也按照类似的逻辑进行判断。

LISTING PROJECT 30

```
// Project 30 - Countdown Timer

#include <Adafruit_LEDBackpack.h>
#include <Adafruit_GFX.h>
#include <Wire.h>
Adafruit_7segment display = Adafruit_7segment();

int times[] = {5, 10, 15, 20, 30, 45, 100, 130, 200, 230, 300, 400,
               500, 600, 700, 800, 900, 1000, 1500, 2000, 3000};
int numTimes = 19;

int buzzerPin = 11;
int aPin = 2;
int bPin = 4;
int buttonPin = 3;
boolean stopped = true;

int selectedTimeIndex = 12;
int timerMinute;
int timerSecond;

void setup()
{
  pinMode(buzzerPin, OUTPUT);
  pinMode(buttonPin, INPUT_PULLUP);
  pinMode(aPin, INPUT_PULLUP);
  pinMode(bPin, INPUT_PULLUP);
  Serial.begin(9600);
  display.begin(0x70);
  reset();
}

void loop()
```

```
{
  updateCountingTime();
  updateDisplay();
  if (timerMinute == 0 && timerSecond == 0 && ! stopped)
  {
    tone(buzzerPin, 400);
  }
  else
  {
    noTone(buzzerPin);
  }
  if (digitalRead(buttonPin) == LOW)
  {
    stopped = ! stopped;
    while (digitalRead(buttonPin) == LOW);
  }
  int change = getEncoderTurn();
  if (change != 0)
  {
    changeSetTime(change);
  }
}

void reset()
{
    timerMinute = times[selectedTimeIndex] / 100;
    timerSecond = times[selectedTimeIndex] % 100;
    stopped = true;
    noTone(buzzerPin);
}

void updateDisplay() // mmss
{
  // update I2C display
  int timeRemaining = timerMinute * 100 + timerSecond;
  display.print(timeRemaining, DEC);
  display.writeDisplay();
```

```
}

void updateCountingTime()
{
  if (stopped) return;

  static unsigned long lastMillis;
  unsigned long m = millis();
  if (m > (lastMillis + 1000) && (timerSecond > 0 || timerMinute > 0))
  {
    if (timerSecond == 0)
    {
      timerSecond = 59;
      timerMinute —;
    }
    else
    {
      timerSecond —;
    }
    lastMillis = m;
  }
}

void changeSetTime(int change)
{
  selectedTimeIndex += change;
  if (selectedTimeIndex < 0)
  {
    selectedTimeIndex = numTimes;
  }
  else if (selectedTimeIndex > numTimes)
  {
    selectedTimeIndex = 0;
  }
  timerMinute = times[selectedTimeIndex] / 100;
  timerSecond = times[selectedTimeIndex] % 100;
}
```

```
int getEncoderTurn()
{
  // return -1, 0, or +1
  static int oldA = LOW;
  static int oldB = LOW;
  int result = 0;
  int newA = digitalRead(aPin);
  int newB = digitalRead(bPin);
  if (newA != oldA || newB != oldB)
  {
    // something has changed
    if (oldA == LOW && newA == HIGH)
    {
      result = -(oldB * 2 - 1);
    }
  }
  oldA = newA;
  oldB = newB;
  return result;
}
```

显示的倒计时时长的剩余被格式化为分+秒的格式，而整个倒计时器能够显示的最长时间是100分钟。

项目集成

从Arduino Sketchbook下载项目30的完整Sketch，并把它下载到主板（参见第1章）。

小 结

在第10章，你将会看到使用Arduino Leonardo进行某些项目设计的应用实例。这个板子不同于Uno，它还可以模拟USB鼠标或者键盘，这将会为我们打开另一扇全新的大门！

第10章 基于Leonardo的USB项目

Arduino Leonardo主板和其他类型的Arduino主板具有不同的特性。它更加便宜并且具有和别的Arduino主板不同的微控制器核心。也正是这个不同的微控制器核心的特性，允许我们将其模拟成USB 键盘，这也是本章要展示的一个核心项目。

项目31——键盘恶作剧

如果看过1999年上映的科幻电影——《矩阵》（*Matrix*），你也许还会记得这么一个场景：当主人公Neo一头闯入一个房间时，一条信息在他面前的屏幕上显示了出来。

该项目使用一块Arduino Leonardo（表10.1），然后偷偷连接到某人计算机的USB接口，这个家伙的屏幕上就会在某个随机的时候显示图10.1所示的一条信息。

表10.1　元器件及器材

描　述	附　录
Arduino Leonardo	m2

硬　件

本项目需要用到的唯一硬件就是Leonardo本身及其附带的USB线。首先连接到计算机对它进行编程，然后将它连接到你打算恶搞一把的“可怜虫”的计算机。

软　件

项目31的Sketch如下：

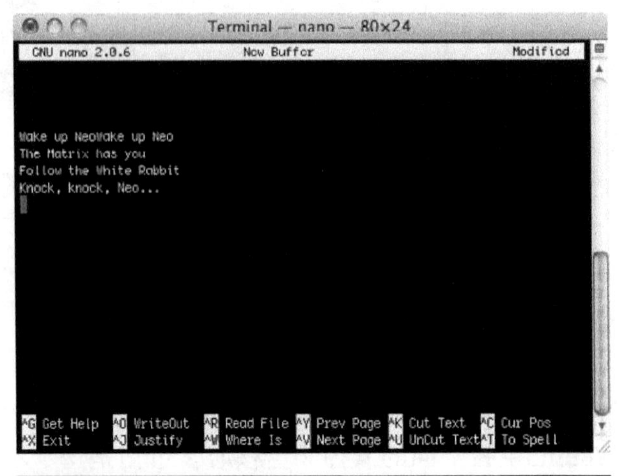

图10.1　键盘恶作剧的效果

LISTING PROJECT 31

```
// Project 31 - Keyboard Prank

void setup()
{
  randomSeed(analogRead(0));
  Keyboard.begin();
}

void loop()
{
  delay(random(10000) + 30000);
  Keyboard.print("\n\n\nWake up NeoWake up Neo\n");
  delay(random(3000) + 3000);
  Keyboard.print("The Matrix has you\n");
  delay(random(3000) + 3000);
  Keyboard.print("Follow the White Rabbit\n");
  delay(random(3000) + 3000);
  Keyboard.print("Knock, knock, Neo...\n");
}
```

setup函数从A0读取信息作为种子数，然后产生一个随机数。由于A0引脚是悬空的，所以随机数发生函数所发生的随机数必然是“真随机数”。而键盘模拟库也在setup函数中被启用，启动的语句为KeyBoard.begin。

主循环会等待随机的时间长度，30 ~ 40s后就会开始发送信息，每个信息的句子间的时间间隔3 ~ 6s。

“\n”是换行字符，它等价于在键盘上按下Enter键。

由于这个项目模拟的是键盘，它会全自动地开始“敲击”键盘。请注意，它会持续地往计算机中“敲入”任意的字符，哪怕是你在Arduino IDE 中编程的时候，它也会出来捣乱。所以，在对其进行编程之外的时间里千万别把它插在计算机上。当然，你打算开始恶作剧的时间除外。

如果你在对其进行编程时遇到了麻烦，可以尝试在Arduino IDE提示“Uploading”之前一直按着Leonardo的复位开关，在看到提示之后立即释放复位开关，这样就能够成功地对Leonardo完成编程工作。

项目集成

这是一个非常有趣的小项目。很显然，你可以将发送的信息修改为任何你打算发送到屏幕上的内容。当然，你的小把戏只在如下情况下起作用：屏幕上已经打开，且处于选定状态的窗口正好是能够显示键盘输入信息的窗口。

项目32——自动密码输入器

本项目（图10.2）使用Leonardo的键盘模拟输入特性来自动进行密码输入。你需要按下其中的一个按键来保存密码，然后将其存入EEPROM以免断电丢失。而另外一个按键则会让Leonardo立即将存放的密码一次性输出。

本项目所使用的元器件及器材见表10.2。

表10.2 元器件及器材

位 号	描 述	附 录
	Arduino Leonardo	m2
S1，S2	轻触开关	m3
	面包板	h1
	面包线	h2

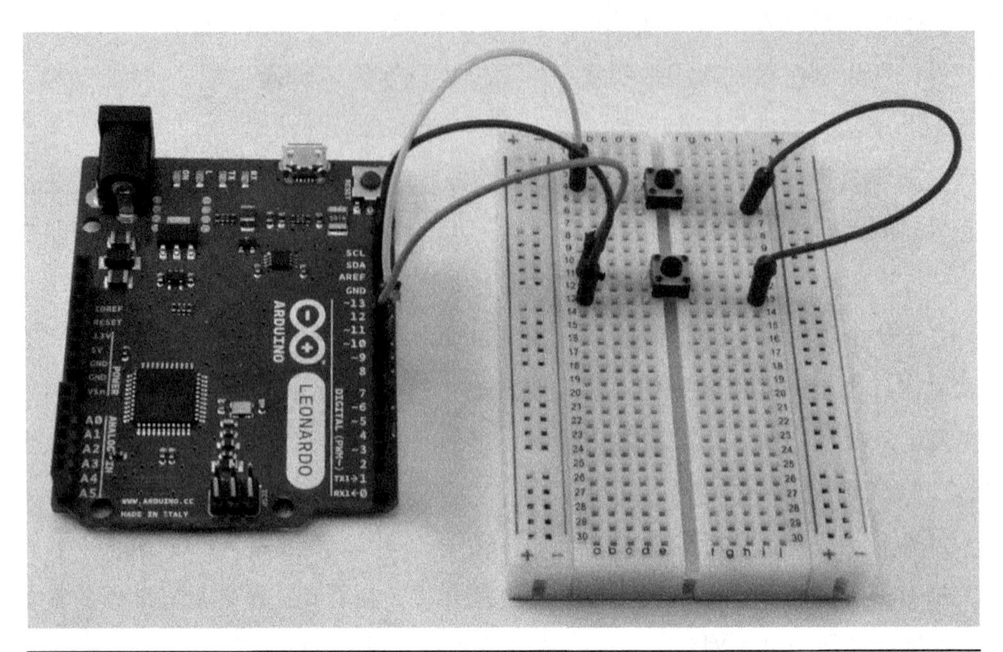

图10.2 自动密码输入器

注 意 由于本项目界面实在是过于简单，所以常常会在需要Leonardo输出密码时误操作，导致按下了输入新密码的按键。所以，如果你真打算用这个项目来保存你的密码，最好三思而后行。另外，项目本身安全度也不高，密码盗窃者只需要将你的密码输入器插到任何一台计算机上面就可以看到你的密码明文。

硬 件

在硬件连接完毕之后，我们会发现这个项目也是本书中最简单的项目之一——它只需要通过面包板连接两个轻触开关。

图10.3展示了原理图，而图10.4展示了面包板布局图。

软 件

除了两个用于保存按键状态的变量，我们还定义了`passwordLength`变量。如果你需要更少的密码，那就要将原本默认的变量值从`8`修改到你满意的长度，不过最大长度不能超过`1023`。字符串数组用来储存你打算存入的密码。

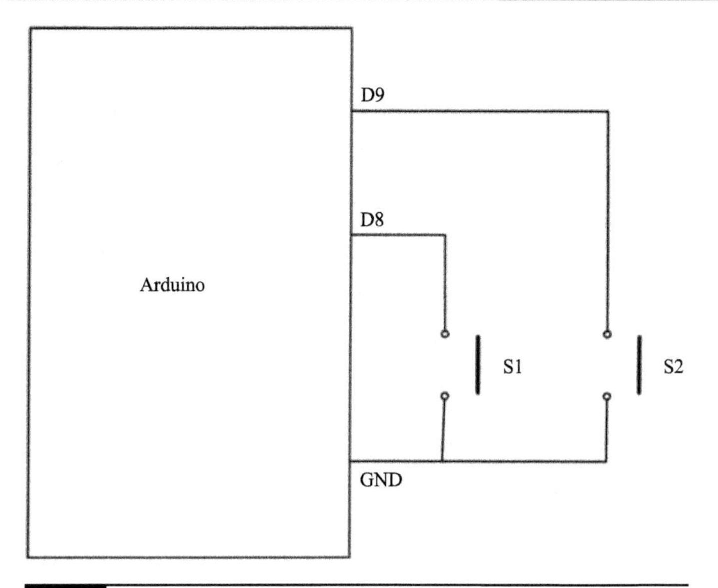

图10.3 自动密码输入器原理图

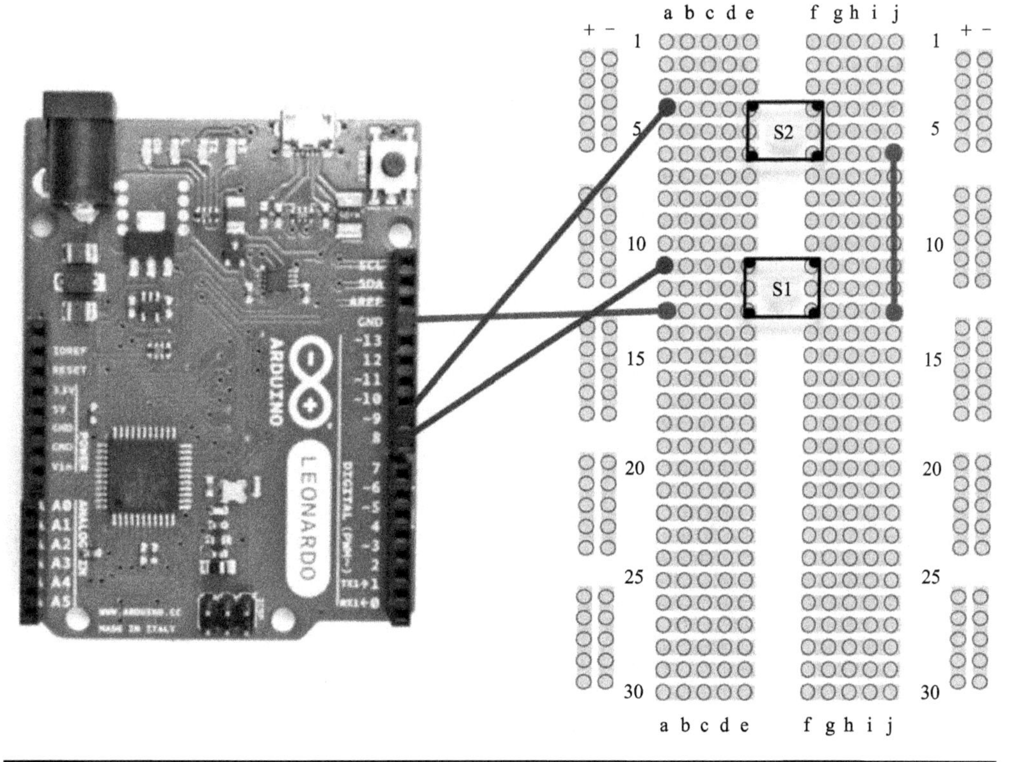

图10.4 自动密码输入器的面包板布局图

LISTING PROJECT 32

```
// Project 32 - Password Typer
#include <EEPROM.h>

int typeButton = 9;
int generateButton = 8;
int passwordLength = 8;

char letters[] = "abcdefghijklmnopqrstuvwxyzABCDEFGHIJKLMNOPQRSTUVWX
  YZ0123456789";

void setup()
{
  pinMode(typeButton, INPUT_PULLUP);
  pinMode(generateButton, INPUT_PULLUP);
  Keyboard.begin();
}

void loop()
{
  if (digitalRead(typeButton) == LOW)
  {
    typePassword();
  }
  if (digitalRead(generateButton) == LOW)
  {
    generatePassword();
  }
  delay(300);
}

void typePassword()
{
for (int i = 0; i < passwordLength; i++)
  {
    Keyboard.write(EEPROM.read(i));
  }
```

```
  Keyboard.write( '\n' );
}

void generatePassword()
{
  randomSeed(millis() * analogRead(A0));
  for (int i = 0; i < passwordLength; i++)
  {
    EEPROM.write(i, randomLetter());
  }
}

char randomLetter()
{
  int n = strlen(letters);
  int i = random(n);
  return letters[i];
}
```

同样，要启动Leonardo的键盘输入，你需要在`setup`函数中使用命令`Keyboard.begin()`。

`loop`函数的作用就是持续地检查按键是否按下，然后根据按键的情况分别调用`generatePassword` 和`typePassword`这两个函数。

`typePassword`函数简单读取EEPROM后，使用`Keyboard.write`函数将密码字符一个一个地写入。当所有字符写入完毕，它还会在末尾附带一个“\n”，表示本行结束，相当于在键盘上按下Enter键。

项目会自动生成新密码——根据Arduino最近的一次重启时间和引脚A0（浮空）的读值。因为这两个种子数都是“真随机数”，所以由此逻辑产生的数字也是“真随机数”。随后，Sketch会根据这个数字在字符表中进行跳跃，并挑选字符储存到EEPROM中。

项目集成

测试这个项目是否正常工作的最好方法就是，将它连接到计算机，然后在计算机上打开“记事本”之类的文字处理软件 。首先按下面包板上靠下的那个按键，以产生一个随机密码，随后按下面包板靠上的那个按键，以确定是否正确地进行了重复（图10.5）。

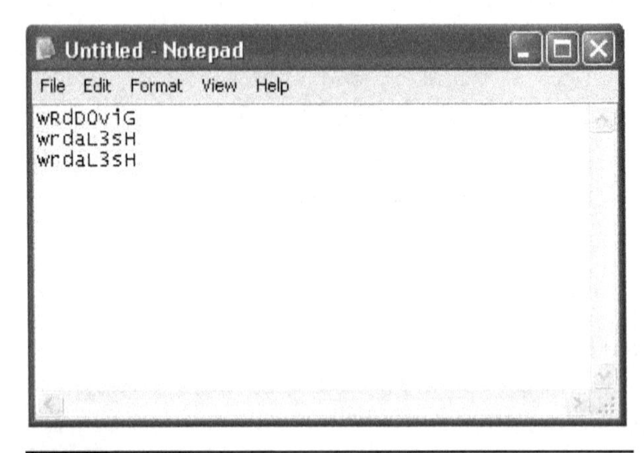

图10.5　使用密码输入器在Windows“记事本上”键入密码

项目33——加速度鼠标

本项目将Leonardo主板变成用加速度计控制的鼠标。你可以将本项目的Leonardo甩来甩去以控制鼠标指针，然后按下一个按键模拟实际的鼠标点击动作。

表10.3　元器件及器材

描　述	附　录
Arduino Leonardo	m2
轻触开关	h3
Adafruit 加速度模块	m8

本项目并未使用面包板（表10.3），加速度计和按键都直接插到了Leonardo主板上（图10.6）。

当加速度计处于水平状态时， X轴和Y轴的加速度值只取决于实际重力加速度。当然，当你移动模块时，往这个移动方向的加速度就会记录，然后就可以利用这些变化控制鼠标的移动。

硬　件

图10.7 展示了本项目的原理图。

本项目所用的加速度计是现成的模块，我们需要将它随附的排针焊接到模块上

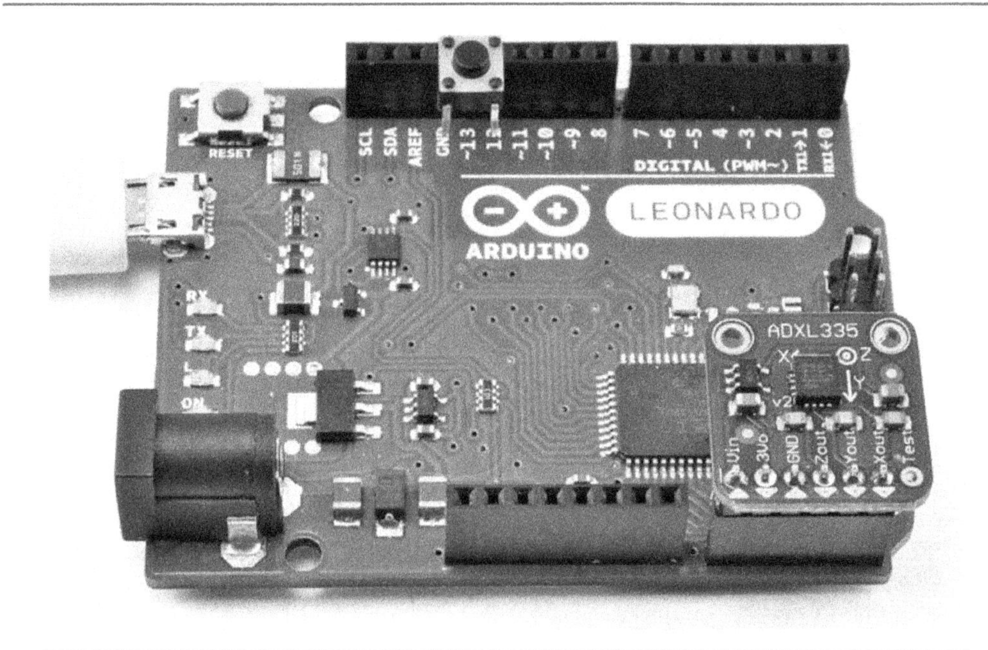

图10.6 加速度鼠标

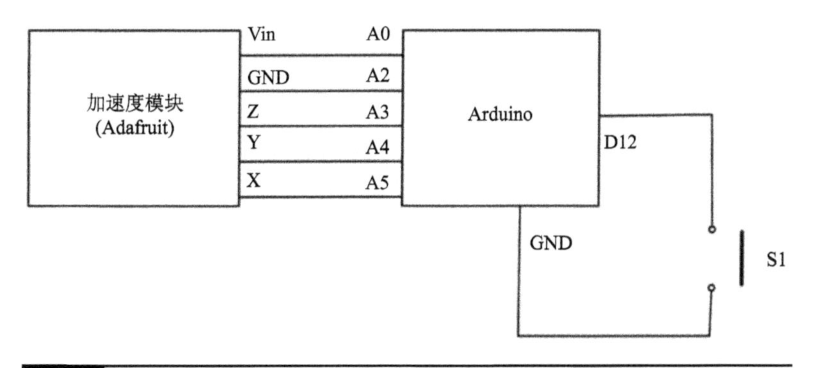

图10.7 加速度鼠标的原理图

的对应位置。请根据其官方网站(*http://adafruit.com/products/163*)的指引来完成模块的组装焊接工作。如果你已经完成了焊接工作，并完成了在Leonardo上的安装，那么这个模块将如图10.6所示，悬在模拟引脚排母的上方。

轻触开关的两个引脚则直接连接在了GND和D12两个引脚上。

软　件

项目33的Sketch如下：

LISTING PROJECT 33

```
// Project_33 Accelerometer Mouse

int gndPin = A2;
int xPin = 5;
int yPin = 4;
int zPin = 3;
int plusPin = A0;
int switchPin = 12;

void setup()
{
  pinMode(gndPin, OUTPUT);
  digitalWrite(gndPin, LOW);
  pinMode(plusPin, OUTPUT);
  digitalWrite(plusPin, HIGH);
  pinMode(switchPin, INPUT_PULLUP);
  pinMode(A1, INPUT); // 3V output
  Mouse.begin();
}

void loop()
{
  int x = analogRead(xPin) - 340;
  int y = analogRead(yPin) - 340;
  // midpoint 340, 340
  if (abs(x) > 10 || abs(y) > 10)
  {
    Mouse.move(x / 30, -y / 30, 0);
  }
  if (digitalRead(switchPin) == LOW)
  {
    Mouse.click();
    delay(100);
  }
}
```

Leonardo 使用3个模拟输入引脚读取3个方向——X轴、Y轴、Z轴的加速度值。与此同时，还使用了另外两个引脚提供模块所需电源（A2和A0）。我们在setup函数中对这些引脚的功能做出了设置。

引脚A1 设定为输入，是因为模块对应的引脚本身会输出3V电压，而我们实际上并不需要这个输出特性，又不得不将它们插接在一起。设定为输入可确保这个引脚不会处于输出状态，以免造成引脚冲突，并最终造成Arduino或者加速度模块损坏。

将Leonardo变成鼠标的做法非常类似于我们前面的双按键项目。你首先需要使用Mouse.begin命令启动这个功能。

loop函数中完成对X轴和Y轴两个方向的加速度值，如果值大于预设的阈值10，那么它就会调整当前鼠标指针的位移变量。

按键开关也会在loop函数中检查，如果按下了，那么Mouse.click()就会被触发。

项目集成

下载本项目的Sketch，你就会发现，当你拿起你的Leonardo时，通过晃动就可以控制鼠标在屏幕上面移动。

小　结

Leonardo是一个用途非常广泛的主板型号，本章所罗列的几个项目都能够进行更加宽广的应用扩展。举一个例子，将项目32添加很多按键并给它们赋予不同的键盘组合信息，按键按下时借此控制一个音乐播放软件，如Ableton Live等。

这是本书最后一个包含项目的章节。作者希望那些尝试完成本书中各个项目的创客能够在真正地获益，并由此开始构建自有项目的尝试。

第11章的作用是让读者们能够在构建自有项目时能够得到一些协助。

第11章 开发自己的项目

你已经尝试了作者介绍的项目，学到了一些知识。现在，用你所学的知识来开发自己的项目吧。你可以借助于本书的一些设计，为了给你提供一些帮助，本章将介绍一些设计和实现技巧。

电　路

作者通常先确定想要达到的模糊意图，然后从电子学的角度进行设计，之后再考虑软件。

本书所有的项目都有对应的原理图，所以即使你对电路不熟悉，看了这么多的原理图，大概也了解原理图与对应的面包板布局图之间的关系。

原理图

在原理图中，元件之间用线连接。在面包板上，这些连线是用面包板底层的连接条及面包线来连接的。本书的项目中，电路是怎样连接起来的并不重要，实际线路是怎么布局的也不重要，只要所有的点都连接上就行。

原理图上有很多约定俗成的习惯。例如，地线放在图的底部，高电压置于图的顶部。原理图上，电流从高电压流向低电压，这样也符合人们的阅读习惯。

另一个惯例是，如果没有足够的地方标示所有的连接，原理图会用一个小方块状符号表示接地。

图11.1出自项目5，图中显示的3个电阻都有一端与Arduino主板上的地

（GND）连接在一起。在对应的面包板布局图（图11.2）上，你会看到GND是通过导线与面包板上的地线连接条连接在一起的。

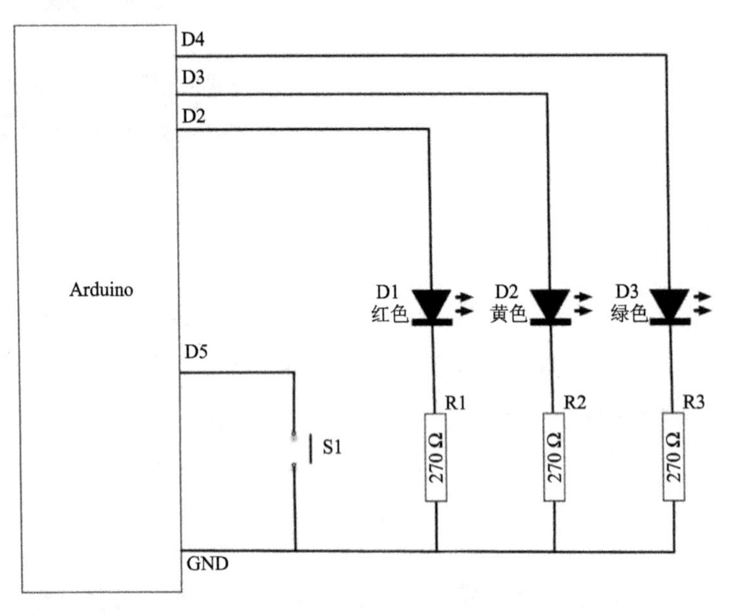

图11.1 原理图示例

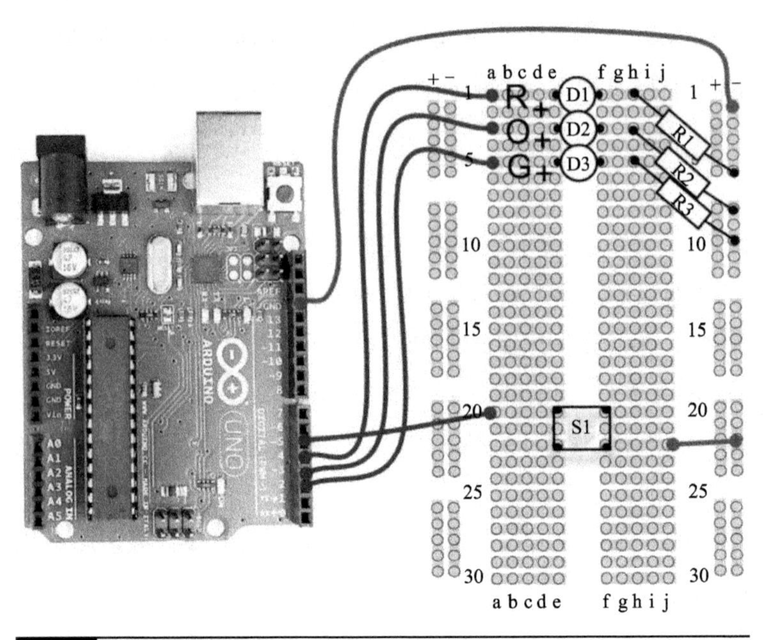

图11.2 面包板布局图示例

有很多绘制原理图的工具，其中一些是集成的电路计算机辅助设计（CAD）产品，能自动在印制电路板上布线。通常，这些工具画出的图的效果都不美观，作者还是倾向于用纸和笔，或者通用绘图软件。本书中的原理图是使用Omni Group制作的软件画的，它有一个奇怪的名字——OmniGraffle。该软件仅适用于Apple Mac。可以从*www.arduinoevilgenius.com*下载用于绘制面包板布局图和原理图的OmniGraffle模板。

元器件符号

本书中所用的电子元器件符号如图11.3所示。

图11.3 电子元器件符号

原理图有多种不同的标准符号，但基本符号是各类标准公认的。本书使用的符号没有遵循任何特殊的标准，选用的都是作者认为简单易懂的示意图。

元器件

在本节中，我们来看一下元器件的几个选用原则：它们是做什么么的？怎么选择？怎么使用？

产品手册（数据手册）

所有的元器件供应商都制作了他们的产品手册（Datasheet），告诉大家产品性能如何。对于电阻和电容来说可能意义不大，但是对于半导体和晶体管，特别是集成电路来说就非常重要了。产品手册中通常会带有元器件使用注意事项和示例图。

这些在网上都能查到。如果你在搜索引擎上输入“BC158 datasheet”，会发现点击率最高的往往是一些机构，这些机构围绕着产品手册做了无数的广告，貌似他们的服务为产品手册增加了价值。这些网站的无聊链接往往使我们忽视了供应商在网站上提供的帮助。因此，查看搜索结果，直到你搜到*www.fairchild.com*。

另外，许多元器件零售商，如Farnell都为他们的产品提供免费而精简的说明书，这也意味着你可以货比三家。

电 阻

电阻是最普通、最便宜的电子元器件，它们大多用于：

■ 限流（参见使用LED的任意项目）

■ 串联或者为可变电阻分压

第2章讲解了欧姆定律的原理和如何利用欧姆定律确定LED的串联电阻值。类似地，在项目19中，我们使用两个电阻作为分压器来减少从电阻网络输出的信号。

电阻上的色环表示阻值。如果你不能确定阻值，可以用万用表测量。一旦你熟悉了电阻，就很容易通过色环读出它的阻值。

电阻上色环代表的阻值大小见表11.1。

表11.1 电阻色环代码

黑	0
棕	1
红	2
橙	3
黄	4
绿	5
蓝	6
紫	7
灰	8
白	9

一般来说，电阻的一端有3条色环，接着是一段间隔，然后是另一端的一条色环。单独的那条色环代表电阻值的误差。本书中没有提到电阻的精度，因为在这里选择电阻不需要知道其精度。

色环的排列如图11.4所示。阻值用3条色环表示。第1条色环代表第1位数字，第2条代表第2位数字，第3个代表前两个数字后面加几个0。

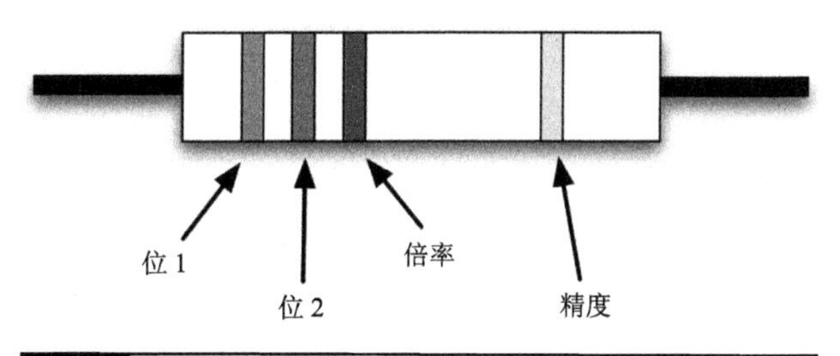

图11.4 电阻色环代码

所以，270Ω电阻第1位数字为2（红色），第2位数字为7（紫色），第3位数字为1（棕色）。同样，10kΩ电阻色环依次为棕色、黑色和橙色（1，0，000）。

大多数项目使用低功率的电阻。计算出流过电阻的电流，将它乘上电压可以得到电阻承受的功率。电阻把剩余的电能转化为热能，所以大量电流通过电阻时，电阻会变热。

你只需要关注阻值低于100Ω的情况，因为阻值越高，流过电阻的电流就越小。

例如，将一个100Ω的电阻直接接在5V电压和地之间，流过电阻的电流为I=V/R=5/100等于0.05A；功率为IV，即0.05×5=0.25W。

电阻的标准功率为0.5W或0.6W，除非项目特别说明，一般用0.5W的金属膜电阻。

晶体管

浏览任何元器件目录你都会发现，有很多不同类型的晶体管。本书中使用的晶体管见表11.2。

基本的晶体管驱动电路如图11.5所示。

表11.2 本书中应用到的晶体管

三极管	类 型	用 途
2N2222	双极性NPN型	控制超过40mA的小负载电路通断
BD139	双极性 NPN 功率型	控制大负载电路通断（如高亮度LED）。参照项目6
2N7000	N沟道 FET	低功率开关，具有低阻启动特性。参照项目7
FQP33N10	N沟道功率MOS管	高功率开关
FQP27P06	P沟道功率MOS管	高功率开关

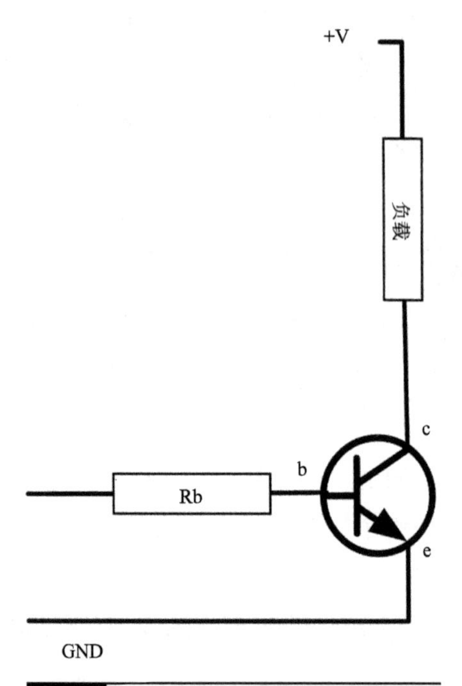

图11.5 基本的晶体管驱动电路

晶体管驱动电路中，从基极到发射极（b到e）的小电流控制从集电极流向发射极的大电流（从c到e）。如果没有电流流入基极，就没有电流通过负载。在大多数晶体管中，如果负载电阻为0，则流入集电极的电流是流入基极的50～200倍。由于我们会让晶体管完全导通或完全断开，所以负载电阻可以将集电极电流限制到负载需要的电流。基极电流太大会损坏晶体管，也会损坏晶体管驱动的器件，因此需要在基极上接一个电阻。

当从Arduino主板驱动时，最大电流输出为40mA，所以我们选择一个电阻，使得输出是5V时允许流过的电流是30mA左右。利用欧姆定律：

$$R=V/I$$

$$=(5-0.6)/30=147\ (\Omega)$$

-0.6是因为当晶体管导通时，其基极和发射极间的压降往往是0.6V，这是双极型晶体管的特性。

因此，使用150Ω的基极电阻，我们能够将30mA的基极电流放大40～200倍，即集电极电流为1.2～6A，对于大多数用户来说已经足够了。实际上，我们可以使用1kΩ或270Ω电阻。

晶体管有一些不能超越的最大参数值，否则晶体管会损坏。这些信息在晶体管数据手册中可以找到。例如，2N2222的数据手册中就包括很多参数。我们最感兴趣的一些参数已经在表11.3中给出。

表11.3　晶体管参数

参　数	值	含　义
I_C	800mA	在晶体管不损坏的情况下流经集电极的最大电流强度
h_{FE}	100～300mA	直流电流增益，是集电极电流和基极电流的比值，和你所见到的一样，这个晶体管的电流增益是100～300之间的任意值

其他半导体元器件

不同的项目介绍了很多不同型号的元器件，从二极管到温度传感器，表11.4为本书不同的项目中所用特殊元器件的索引。如果你想开发自己的项目，先阅读作者使用这些元器件（温度传感器等）开发的相关项目。

最好先构建作者开发的项目，然后进行修改，使之能实现自己的目的。

表11.4　在本书项目中使用过的特殊元器件

元器件	项　目
单色LED	几乎每个项目
多色LED	14
LED 矩阵	16
七段 LED	15,30
音频放大芯片	19,20
LDR(光敏电阻)	20
三端稳压器	7

模块和扩展板

并不是所有的项目都需要从头开始，这就是为什么我们买Arduino主板而不是自己做的原因。同理，在项目中我们也可以使用模块。

举个例子，我们在项目17和22中使用过的LCD显示模块内置了驱动LCD本身所需的驱动芯片，这也降低了编程和电路连接上的时间成本。

还有一些别的项目可能也会应用一些现成的模块。SparkFun及Adafruit 之类的供应商都能够提供类似的节省开发时间的现成模块，它们包括：

■ GPS

■ Wi-Fi

■ Bluetooth

■ Zigbee

■ GPRS

你只需要花时间通读数据手册，并进行设计和实验，而这正是创客所要做的全部。

比较省事的办法就是买一块Arduino扩展板，扩展板上已经安装了各种模块。当你喜欢使用的元器件不能放到面包板上时（如表贴元器件），这的确是一个好主意。一个做好的扩展板确实能助你一臂之力。

随时都可以买到新扩展板，在阅读本书时，你可能需要买到如下Arduino扩展板：

■ Ethernet（将你的Arduino连接到互联网）

■ XBee（用于家居自动化的无线数据连接）

■ Motor driver（电动机驱动器）

■ GPS

■ Joystick

■ SD card interface（SD卡接口）

■ Graphic LCD touch screen display（图形LCD触摸屏）

■ Wi-Fi

购买元器件

30年前，生活在小镇上的创客会希望有几家可供选择的收音机/电视机修理与配件商店，他们可以到那里购买元器件，并能够得到热心的使用建议。如今，有少数零售商仍在卖元器件，如美国的Radio Shack和英国的Maplins，但是互联网已经让购买元器件变得更容易，也更便宜。

国际化元器件供应商，如Digikey和Mouser、Newark、Radio Spares 以及Farnell，通过网购一两天就能拿到元器件。在实体店购买，同样的元器件在不同的供应商那里会有价格波动。

eBay上能买到很多元器件。如果你不介意等几个星期，可以从中国买到更便宜的元器件。如果量大，你会发现在中国买50个的价钱比在美国买5个还便宜。通过这种方法，你将会为你自己节省大量的成本。

工 具

如果想要自己做项目，至少要有一些工具。如果不需要焊接，你需要如下工具：

- 不同颜色的实心线，直径大约为0.6mm（23SWG）
- 斜口钳和尖嘴钳，特别是用来制作面包线
- 面包板
- 万用表

如果需要焊接，你还需要：

- 烙铁
- 无铅合金焊料

元器件箱

当你第一次设计项目时，可能要花一些时间进行元器件储备。每完成一个项目，剩下的元器件放回元器件箱。

储备一些基本元器件是很有必要的。你会发现本书中使用最多的是电阻，如100Ω、1kΩ、10kΩ等。实际上并不需要很多不同的元器件。

本书附录中列出了很好的入门元器件套件。

能贴标签的小格元器件箱可节省寻找元器件的时间，尤其是没有标称值的电阻。

斜口钳和尖嘴钳

斜口钳用来剪断导线，尖嘴钳用来夹住导线（通常是在剪切导线时）。

图11.6展示了如何剥去电线上的绝缘层。假设你习惯用右手，则左手拿尖嘴钳，右手拿斜口钳。把尖嘴钳放在要剥去的导线绝缘层附近，夹住导线，用斜口钳轻轻地剪一圈，然后向侧面一拉，将绝缘层去掉。有时用力过度，斜口钳会将导线剪断；而有时候用力不够，绝缘层还在导线上，这需要通过实践才能做好。

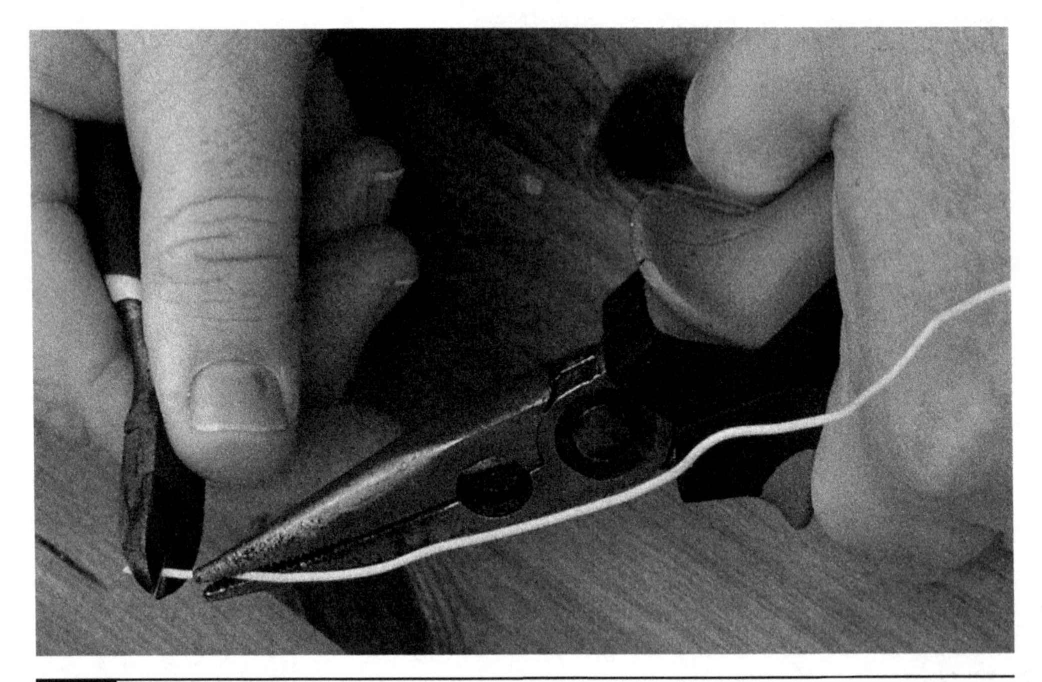

图11.6 尖嘴钳和斜口钳

还可以买到自动剥线器。实践发现，这种剥线器常常只适用于某一特定的导线类型，有时也不实用。

焊　接

不需要花很多钱购买昂贵的烙铁，能够控制温度的烙铁就很好，如图11.7所示，如果是自动恒温电烙铁就更好了。选用适用于电子元器件的精细烙铁头，使用时要倾斜焊接，不要垂直使用。

使用细的无铅焊锡，每个人都能完成焊接，但是有的人天生就能焊整齐。即使你焊接的东西不能像机器焊的一样整齐，也没有关系。

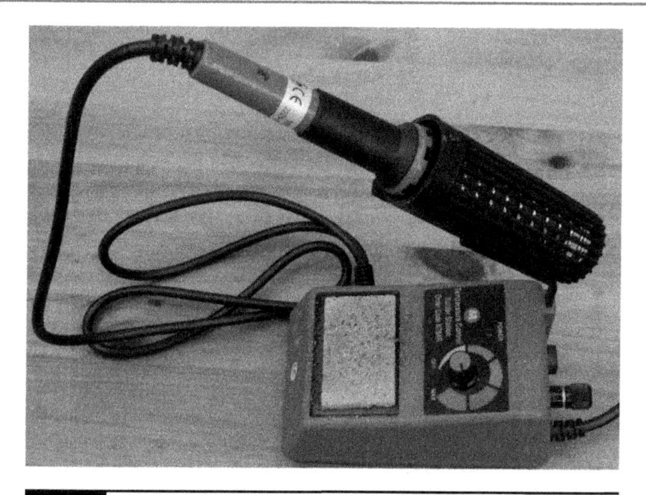

图11.7 烙铁及烙铁架

焊接是一种需要3只手才能完成的工作：一只手拿烙铁，一只手拿焊料，还有一只手拿焊接件。有时焊接件又大又重，需要放在工作台上焊接，有时又需要拿在手里焊接。这时强力尖嘴钳就派上了用场，还有小型台虎钳和“助手”式夹具，它们利用小夹子来紧夹焊件。

焊接的基本步骤如下。

① 打湿烙铁台里的海绵。

② 等待烙铁升温。

③ 给烙铁头上锡。用烙铁压住焊锡，直到焊锡熔化并覆盖烙铁头。

④ 用湿海绵擦拭烙铁头，这时会发出“嗞嗞”声，但是可以除去多余的焊料，让烙铁头泛着明亮的银光。

⑤ 用烙铁头接触焊件并加热，一两秒后，将焊锡靠近焊件的焊点，此时，焊锡应该向液体一样，焊出一个光亮的焊点。

⑥ 拿开焊锡与烙铁，把烙铁放回烙铁架。小心地保持静止状态几秒钟，让焊锡凝固。如果在焊锡凝固之前有任何移动，则需要重新焊接，否则会出现虚焊。

除此之外，在焊接敏感元器件或昂贵元器件时加热时间不要过长，特别是这些元器件的引线又很短时。

在焊接之前，可以在旧线路板上多多实践。

万用表

万用表可以用来测量电压、电流、电阻，还可以测量电容、频率等。大多数情况下，10美元的万用表就足够用了。专业人士使用更可靠、精度更高的万用表，但是对于大多数情况都没有必要。

万用表可以是模拟的，也可以是数字的（图11.8）。模拟万用表提供的信息量比数字万用表多。模拟万用表能很直观地看到指针摆动的快慢和指针的抖动，而数字万用表只能看到数字的变化。然而，对于稳定的电压，数字万用表可以方便地直接读取数据。由于模拟万用表有几个量程，因此在读数之前先要确定测量的量程。

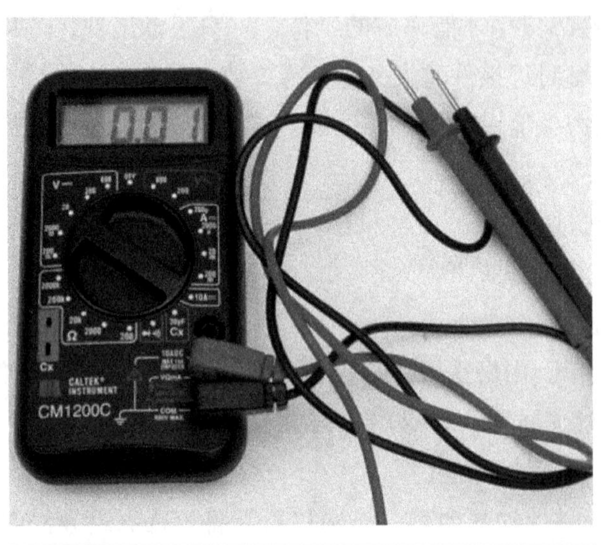

图11.8 万用表

你也可以选用自动量程的万用表，一旦你选择好需要测量的是电流还是电压，在电压或电流增加时，它能自动地改变量程。但是，在测量前还是应该考虑电压的测量范围，这是非常重要的一步。

用万用表测量电压的步骤如下。

① 根据已知的电压范围设置万用表量程（选择的量程应该高于被测电压）。

② 将黑色表笔连到地（GND）。用鳄鱼夹夹在电源负端会更简单一些。

③ 将红色表笔放在需要测量电压的点。例如，为了确定Arduino的数字输出是接通还是断开，可以用红色表笔接触引脚，然后读电压值，这个电压值应该是5V或者0V。

测量电流比测量电压困难，因为需要测量流过某条路径的电流而不是某一点的电压。因此，万用表要接到需要测量的电流回路中，这意味着万用表设置到电流挡时，在两根表笔之间的电阻值非常低，因此一定要注意不要因万用表的表笔造成电路短路。

图11.9显示了如何使用万用表测量流过LED的电流。

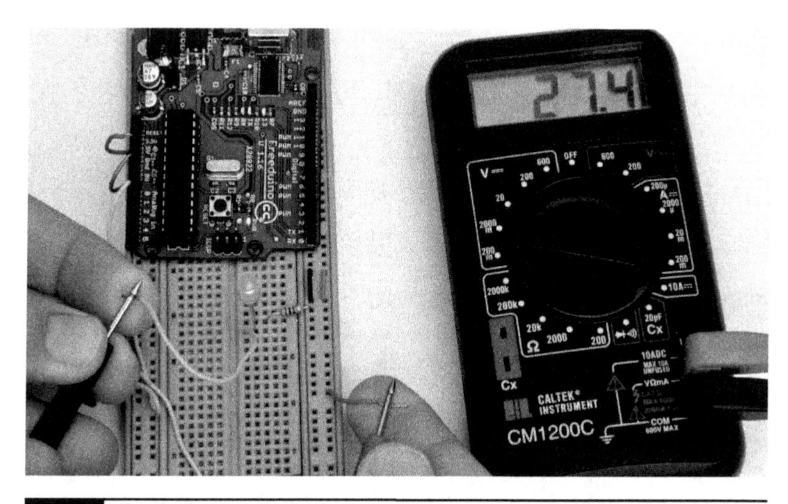

图11.9 测量电流

测量电流的步骤如下。

① 设置万用表的量程，选用比待测电流高的量程。注意，万用表通常带有测量10A电流的单独的大电流接口。

② 把万用表的正极接在电流正端。

③ 把万用表的负极接在电流负端。注意，如果正负端接反了，数字万用表会显示负电流，而模拟万用表会损坏。

④ 在测量二极管时，万用表接入电路对LED的亮度没有影响，这时能测量到电流消耗。

万用表的另一个功能是连通测试。当两个测试端子连通时，万用表会发出蜂鸣声。你可以用此来测试保险丝等，也能用来测试电路板上的意外短路或断开的导线。

有时也用万用表来测量电阻，例如，用来测量一个没有标称值的电阻的阻值。

有的万用表也有二极管和晶体管测试接口，可以用来查找烧坏的晶体管。

示波器

在项目18中，我们构建了一个简单的示波器。对于任何电子设计或测试来说，示波器都是必不可少的工具，示波器能够显示信号随时间变化的过程。它们是相对昂贵的设备，有很多种型号。最划算的是项目19提到的示波器，它把读数直接显示到计算机上。

整本书都在写如何有效使用示波器，但是示波器千差万别，我们在这里只讲一些基本知识。

从图11.10中可以看出，屏幕显示的波形在网格的顶部。垂直网格是以伏特（V）为单位的，图中为2V/格。因此方波电压为2.5×2，即5V。

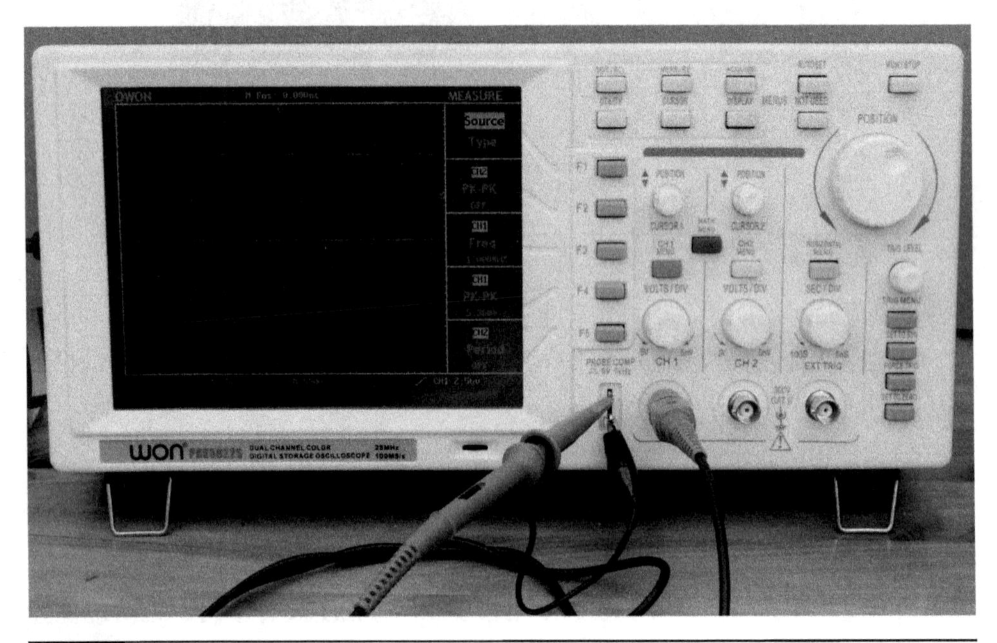

图11.10 一个示波器

横轴是时间轴，它是以秒为单位进行校准的，在这种情况下是每格500μs，因此方波的一个完整周期长度是1000μs，也就是1ms，表示信号的频率是1kHz。

项目创意

Arduino官方网站（*www.arduino.cc*）上有大量创意资源。这些创意有一个专门版块，并且划为3个等级：简单、中等、困难。

如果在搜索引擎里或者YouTube里输入“Arduino 项目”，你会发现许许多多项目设计。

另一个灵感来源是网上或报纸上的产品目录。经常浏览，你可能会发现有趣的或你想做的项目。想要成为创客，只有经过头脑孕育、仔细思考、反复探讨，项目才能成形。

如果喜欢本书，那么你还可以参考一下作者关于Arduino和创客方面的其他作品。欢迎访问*www.simonmonk.org*，以获取作者的详细作品列表。

附　录
元器件与供应商

本书中所用到的所有元器件都可以很方便地通过互联网获得。不过，有的时候要准确地找到自己所需的东西有点困难。正是基于这个原因，该附录列出了元器件及各种供应商的部分物料编号。随着时间的推移，这些信息会有所变化。不过，像Farnell和RS这样的大型供应商通常会给出 “无现货” 等信息，并提供替代品。

供应商

除本书列出的作者所知道的这些供应商之外，还有许许多多其他元器件供应商。仅列出这么几个会让人觉得有点不够用，因此，到互联网上多看一看吧，因为价格变化还是相当大的。

有些较小的供应商专门给像我们这种在家里自制微控制器项目的人提供元器件。他们的确没有系列元器件，但是却经常以合理的价格提供比较奇异而有趣的元器件。他们当中最典型的是SparkFun Electronics，不过，这种供应商还有许多。

有时，当你仅仅在寻找几个元器件时，最好到本地店铺去找一找。美国的RadioShack和英国的Maplins都备有系列元器件，而且主要用于这个用途。

来自英国的CPC(CPC.farnell.com)在其网站上销售大量的Arduino相关元器件和组件，如电阻和电容等，它们的价格较低。

购买零零碎碎的元器件是一件非常烦人的事情，而在Adafruit （产品ID 170）或者SparkFun（KIT-11227）购买一些元器件组合包则是非常省事的选择。它包含了若干元器件和面包板。

本书的后续根据类型罗列了元器件清单，同时还提供了可能的资源以及物料编号。

元器件采购资源

后续的列表将对应的元器件进行了整理分类，然后标注了对应供应商所述的元器件物料编号，你可以从对应的网站找到。

每个列表根据这样的规则进行了整理：首先是关键字，m为模块，r为电阻等

Arduino及模块资源见附表1。

附表1 Arduino 及模块

编 号	描 述	供应商资源
m1	Arduino Uno R3	Adafruit: 50 Sparkfun: DEV-11021
m2	Arduino Leonardo	Adafruit: 849 Sparkfun: DEV-11286
m3	Arduino Lilypad	Sparkfun: DEV-09266
m4	Arduino 扩展板	eBay
m5	8 × 8 I^2C 双色LED模块	Adafruit: 902
m6	LCD 模块（HD44780控制器）	Adafruit: 181 Sparkfun: LCD-00255
m7	I^2C 4位七段数码管	Adafruit: 880
m8	Adafruit 加速度模块	Adafruit: 163

阻容元件

电阻是低价零件，你会发现通常供应商会按照50或者100只为一组进行销售。对于诸如270Ω、1kΩ、10kΩ的电阻来说，多准备一些是非常有必要的。

电阻资源见附表2。

你也可以购买包含不同类型电阻值的杂电阻包。如果你手头的杂电阻包并无你需要的阻值，那么通常情况下使用最接近的阻值不会有太大的问题。举个例子，本书使用了大量的270Ω的LED限流电阻，如果你手头的电阻中没有这个阻值的，那么使用300Ω的型号也没有太大问题。

下面提供两个杂电阻包的备选：

附表2 电 阻

编 号	描 述	供应商资源
r1	4.7Ω，1/4W 电阻	Digikey: S4.7HCT-ND Mouser: 293-4.7-RC CPC: RE06232
r2	100Ω，1/4W 电阻	Digikey: S100HCT-ND Mouser: 293-100-RC CPC: RE03721
r3	270Ω，1/4W 电阻	Digikey: 293-100-RC Mouser: 293-100-RC CPC: RE03747
r4	470Ω，1/4W 电阻	Digikey: 293-470-RC Mouser: 293-470-RC CPC: RE03799
r5	1kΩ 1/4W 电阻	Digikey: S1kHCT-ND Mouser: 293-1K-RC CPC: RE03722
r6	10kΩ 1/4W 电阻	Digikey: S10KHCT-ND Mouser: 293-10K-RC CPC: RE03723
r7	56kΩ 1/4W 电阻	Digikey: S56KHCT-ND Mouser: 273-56K-RC CPC: RE03764
r8	100kΩ 1/4W 电阻	Digikey: S100KHCT-ND Mouser: 273-100K-RC CPC: RE03724
r9	470kΩ 1/4W 电阻	Digikey: S470KHCT-ND Mouser: 273-470K-RC CPC: RE0375
r10	1MΩ 1/4W 电阻	Digikey: S1MHCT-ND Mouser: 293-1M-RC CPC: RE03725
r11	10kΩ 电位器（可调电阻）	Adafruit: 356 Sparkfun: COM-09806 Digikey: 3362P-103LF-ND Mouser: 652-3362P-1-103LF CPC: RE06517
r12	100kΩ 电位器	Digikey: 987-1312-ND Mouser: 858-P120KGPF20BR100K CPC: RE04393
r13	光敏电阻	Adafruit:161 Sparkfun: SEN-09088 Digikey: PDV-P8001-ND CPC: RE00180
r14	10Ω 1/2W 电阻	Digikey: S10HCT-ND Mouser: 293-10-RC CPC: RE05005

■ SparkFun：COM-10969

■ Maplins：FA08J

电容的情况与电阻类似，附表3列出了相关资源。

附表3 电 容

编 号	描 述	供应商资源
C1	100 nF	Adafruit: 753 Sparkfun: COM-08375 Digikey: 445-5258-ND Mouser: 810-FK18X7R1E104K CPC: CA05514
C2	220 nF	Digikey: 445-2849-ND Mouser: 810-FK16X7R2A224K CPC: CA05521
C3	100 uF 电解电容	Sparkfun: COM-00096 Digikey: P5529-ND Mouser: 647-UST1C101MDD CPC: CA07510

半导体器件

本书使用了大量的LED，所以比较可靠的方法是购买LED组合包，而非针对某个单一的颜色和直径。你可以在中国大陆地区购买到无比便宜的LED，Maplins 和别的供应商也会销售入门级LED包（Maplins：RS37S）。

本书用到的半导体器件见附表4。

附表4 半导体

编 号	描 述	供应商资源
s1	5mm 红色LED	Adafruit: 297 Sparkfun: COM-09590 Digikey: 751-1118-ND Mouser: 941-C503BRANCY0B0AA1 CPC: SC11574
s2	5mm 绿色LED	Adafruit: 298 Sparkfun: COM-09650 Digikey: 365-1186-ND Mouser: 941-C503TGANCA0E0792 CPC: SC11573
s3	5mm 黄色LED	Sparkfun: COM-09594$0.35 Digikey: 365-1190-ND Mouser: 941-C5SMFAJSCT0U0342 CPC: SC11577

续附表4

编　号	描　述	供应商资源
s4	2mm或者3mm 红色LED	Sparkfun: COM-00533 Digikey: 751-1129-ND Mouser: 755-SLR343BCT3F CPC: SC11532
s5	2mm或者3mm绿色LED	Sparkfun: COM-09650 Digikey: 751-1101-ND Mouser: 755-SLR-342MG3F CPC: SC11533
s6	2mm或者3mm蓝色LED	Digikey: 751-1092-ND Mouser: 755-SLR343BC7T3F CPC: SC11560
s7	RGB LED（共阳极）	Sparkfun: COM-09264
s8	两位七段数码管（共阳极）	Mouser: 604-DA03-11YWA
s9	10 段LED数码管	Farnell: 1020492 CPC: SC12044
s10	Luxeon 1W LED	Adafruit: 518 Sparkfun: BOB-09656 Digikey: 160-1751-ND Mouser: 859-LOPL-E011WA CPC: SC11807
s11	2mW 红色激光管模块	eBay
s12	1N4004或1N4001二极管	Adafruit: 755 Sparkfun: COM-08589 Digikey: 1N4001-E3/54GITR-ND Mouser: 512-1N4001 CPC: SC07332
s13	5.1V 齐纳二极管	Sparkfun: COM-10301 Digikey: 1N4733AVSTR-ND Mouser: 1N4733AVSTR-ND CPC: SC07166
s14	2N2222或者BC548 或者2N3904 NPN 晶体管	Sparkfun: COM-00521 Digikey: 2N3904-APTB-ND Mouser: 610-2N3904 CPC: SC12549
s15	2N7000 FET	Digikey: 2N7000TACT-ND Mouser: 512-2N7000 CPC: SC06951
s16	FQP30N06 晶体管	Adafruit: 355 Sparkfun: COM-10213 Digikey: FQP30N06L-ND Mouser: 512-FQP30N06 CPC: SC08210
s17	BD139 功率晶体管	Digikey: BD13916STU-ND Mouser: 511-BD139 CPC: SC09455
s18	LM317 三端稳压器	Digikey: 296-13869-5-ND Mouser: 595-LM317KCSE3 CPC: SC08256

续附表4

编 号	描 述	供应商资源
s19	IR光敏晶体管 940nm	Digikey: 365-1067-ND Mouser: 828-OP505B CPC: SC08558
s20	5mm IR LED发射器940nm	Digikey: 751-1203-ND Mouser: 782-VSLB3940 CPC: SC1236
s21	IR 遥控接收器IC	Mouser: 782-TSOP4138 CPC: SC12388
s22	TMP36 温度传感器	Adafruit: 165 Sparkfun: SEN-10988 Digikey: TMP36GT9Z-ND CPC: SC10437
s23	TDA7052 1W 音频放大器	Digikey: 568-1138-5-ND Mouser: 771-TDA7052AN CPC: SC08454
s24	L293D 电动机驱动器	Adafruit: 807 Sparkfun: COM-00315 Digikey: 296-9518-5-ND Mouser: 511-L293D CPC: SC10241

杂项及其他

本书绝大部分的杂项物料（见附表5）都可以在eBay上面找到廉价的商品。

附表5 杂项及其他

编 号	描 述	供应商资源
h1	面包板	Adafruit: 64 Sparkfun: PRT-09567
h2	面包线	Adafruit: 758 Sparkfun: PRT-08431
h3	轻触开关/按键开关	Adafruit: 1119 Sparkfun: COM-00097 Digikey: SW853-ND Mouser: 653-B3W-1100
h4	2.1mm 直流电源插头	Digikey: SC1052-ND Mouser: 502-S-760 CPC: CN14795
h5	9V 电池扣	Digikey: BS61KIT-ND Mouser: 563-HH-3449 CPC: BT03732
h6	5V 1A 电源适配器	Most suppliers or eBay. Country-specific connectors.

续附表5

编　号	描　述	供应商资源
h7	12V 2A 电源适配器	
h8	15V 1A 电源适配器	
h9	万用板	Farnell: 1172145 CPC: PC01222
h10	三端接线端子	Farnell: 1641933
h11	4×3 键盘	Adafruit: 419 Sparkfun: COM-08653
h12	2.54mm间距排针	Adafruit: 392
h13	带按键的旋转编码器	Digikey: CT3011-ND Mouser: 774-290VAA5F201B2 Farnell: 1520815
h14	8Ω 小喇叭	Sparkfun: COM-09151 Farnell: 1300022
h15	咪头/麦克风	Sparkfun: COM-08635 Digikey: 102-1721-ND Mouser: 665-POM2738PC33R Farnell: 1736563
h16	5V 继电器	Digikey: T7CV1D-05-ND Mouser: 893-833H-1C-S-5VDC CPC: SW03694
h17	12V 冷却风扇	eBay
h18	6V DC 减速电动机	eBay
h19	装在减速电机轴上的齿轮	eBay
h20	9g 舵机	eBay Sparkfun: ROB-09065 Adafruit: 169
h21	蜂鸣器	Adafruit: 160 Sparkfun: COM-07950
h22	小型磁簧开关	Sparkfun: COM-08642 Farnell: 1435590 CPC: SW00759
h23	磁力门锁	Farnell: COM-08642 CPC: SR04745

Seeed Studio（矽递科技）致力于为创客和开源硬件爱好者提供从入门到高阶的开发工具及专业的定制服务。

Arduino开发板

Arduino UNO
主控板

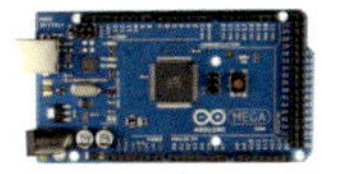

Arduino Mega
主控板

Arduino YUN
主控板

入门级开发套件

Sidekick Advanced Kit
入门升级套件

Sidekick Basic Kit
入门初级套件

Grove-
Starter Kit Plus
传感器入门套件

Seeeduino
主控板

Clio
主控板

Grove - Mixer Pack
电子积木套件

Small e-paper Shield
电子墨水拓展板

NFC Shield
近场通信拓展板

Grove -
Serial Camera Kit
串口摄像头

创客集市

Raspberry Pi
树莓派迷你计算机

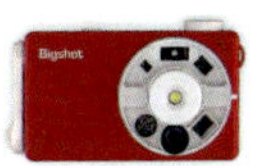

Bigshot Camera Kit
3D DIY相机套件

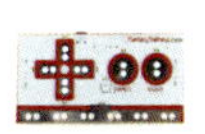

Makey Makey
趣味控制板

BigTime Watch Kit
DIY手表套件

Bare Conductive
电子墨水

Ultrathin 16x32 Red
LED Matrix Panel
LED超薄矩阵屏

定制化服务

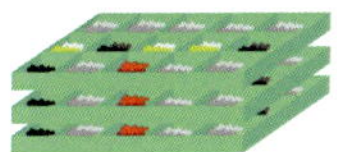

Open Parts Library
通用元件包

PCB 定制服务

Distribution
代销售服务

Drop Shipping
代发货服务

Propagate
小批量生产服务

可穿戴开发平台

Main Board
主控模块

Breakout
Grove接口模块

BLE
蓝牙模块

3-Axis
三轴加速计模块

NFC
近场通信模块

GPS
卫星定位模块

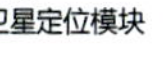

翻页→
优惠券